科学走出"霾"伏

成都科学技术服务中心
成都市科普教育基地联合会 编著

U0314058

科学出版社

北京

内容简介

　　本书是一本关于霾知识的科普读物，首先介绍了霾的来源及特点，然后以我国大气污染研究的进展及防治对策为核心，探讨了各国的大气污染治理经验，以及公众对霾的科学防护措施。本书通过塑造霾及其家族的漫画形象，辅以精美插图，围绕大气污染的本质、科学治理、技术研发与应用及科学防护等方面展开论述，话题贴近民生，内容通俗易懂、科学实用，具有良好的可读性。

　　本书适合中学生、大专院校学生、大气治理相关领域的工作人员及对霾知识感兴趣的公众阅读。本书可供广大读者了解霾的相关知识，也可为相关领域的实践、教学等提供参考。

图书在版编目（CIP）数据

科学走出"霾"伏/成都科学技术服务中心，成都市科普教育基地联合会编著.
—北京：科学出版社，2021.1

ISBN 978-7-03-066512-6

Ⅰ．①科⋯ Ⅱ．①成⋯ ②成⋯ Ⅲ．①空气污染－污染防治－普及读物 Ⅳ．①X51-49

中国版本图书馆CIP数据核字(2020)第204507号

责任编辑：钟文希　侯若男/责任校对：彭　映
责任印制：罗　科/封面设计：墨创文化

科 学 出 版 社 出版
北京东黄城根北街16号
邮政编码：100717
http://www.sciencep.com

四川煤田地质制图印刷厂印刷
科学出版社发行　各地新华书店经销

*

2021年1月第 一 版　　　开本：787×1092　1/16
2021年1月第一次印刷　　印张：12 1/2
字数：290 000
定价：**68.00元**
（如有印装质量问题，我社负责调换）

编委会

主　编　龚明霞　印红玲

副主编　邓　娟　夏立伟

编　委　王　飙　张钰雪　陈凌帆

　　　　　蒲虹宇　王岩松

序言

近年来，大气污染事件频发，引起全社会的广泛关注。许多发达国家都曾经历过严重的大气污染事件，甚至出现过不少对公共健康造成严重影响并在世界环保历史上引以为戒的大气污染案例。目前，我国正面临着严峻的大气污染挑战。国务院发布的《大气污染防治行动计划》(简称"大气十条")，被誉为我国有史以来力度最大的空气清洁行动，充分体现了国家改善空气质量和保护公众健康的意志和决心。

随着人们环保意识不断增强，霾是怎么产生的、政府应该如何应对、公众应该如何科学防护等一系列问题，受到越来越多的关注。因此，大气污染防治既是一项复杂的系统工程，更是一项民生工程，这需要公众科学认识霾的"前世今生"，并积极参与到大气污染防治行动中去。

《科学走出"霾"伏》一书的创作，可谓"生逢其时"。此书本着科学严谨的态度，用生动有趣、通俗易懂的语言，深入浅出地阐述了大气污染的历史事件、霾污染的本质、各地霾的成因、各国大气污染治理经验、我国大气污染研究的进展及防治对策和公众对霾的科学防护措施等内容。本书通过对关键问题和热点问题进行解读，既帮助读者科学理性认知霾，走出对霾的认识误区，又有助于增强公众的环保意识，提高公众参与环境保护行动的能力。

我们生活的地球家园只有一个大气，大家"同呼吸，共命运"！让我们携手努力，一起科学走出"霾"伏！让山更绿、水更清、天更蓝，让人类的地球家园更美好！

刘永春

2020 年 4 月 2 日

前言

随着我国社会经济的发展，霾天气频繁地出现在公众的视野中，对人们的生活、工作及出行等都产生了较大的负面影响，引发了人们对环境问题的担忧和探讨。2018年《打赢蓝天保卫战三年行动计划》在我国的推进实施，将"科学治污，精准治霾"提升到前所未有的战略高度，但治理霾是一场持久战，我们要保持清醒的认识，全面了解霾的成因及其危害，科学应对，提升全民防霾、治霾的信心。

本书共有五章，分为上、下篇。上篇将霾拟人化，以第一人称"我"的角度，生动活泼地介绍了霾在世界各国出现的原因、霾的来源及成长特点、霾如何危害人体健康、各国的应对策略及科技治霾技术，特别是对中国大气污染研究的进展及防治对策等进行了较为全面的介绍。下篇则通过终结有关霾的谣言，引导广大读者在科学识霾的基础上，掌握科学防护的方法，并积极参与到大气污染防治行动中去。

成都科学技术服务中心及成都市科普教育基地联合会组织环境科学与工程、呼吸系统疾病、科学传播、漫画等不同领域的专家组成编委会。全书结构由编委会共同拟定，成都科学技术服务中心研究员龚明霞、成都信息工程大学教授印红玲担任主编，四川大学华西第四医院主治医师邓娟、成都大学夏立伟担任副主编，并由龚明霞进行统稿，龚明霞、印红玲、邓娟进行审核。本书插画由成都大学夏立伟、王岩松两位老师绘制，成都科学技术服务中心王飙、陈凌帆、蒲虹宇、张钰雪参与部分章节资料的收集整理等工作。

本书在编写过程中参阅了国内外相关专家学者的研究成果，并尽量在参考文献中列出，向这些作者表示由衷的感谢与深深的敬意。本书的编写得到了四川省科技厅2019年科技计划项目的支持，同时也得到成都科学技术服务中心各部门的大力支持，在此一并表示感谢。

限于编者水平有限，书中难免有不妥和疏漏之处，恳请广大读者批评指正。

编委会

2020 年 4 月 13 日

CONTENTS
目录

上篇

第一章 霾的自述

CONTENT

第三章　人类与霾的较量

第四章 霾对人类的健康风险

ONTENTS

下篇

第五章 答疑与辟谣

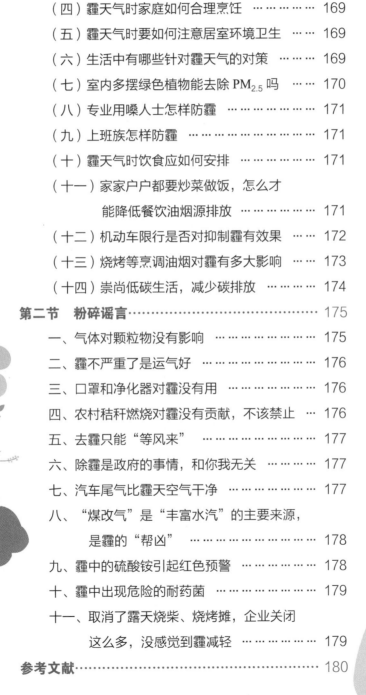

CONTENTS

上篇

橙色预警信号

慢性病患者的
科学防护

人类与霾的较量

第一章　霾的自述

第一节　"我"的环球旅行

　　"我"叫霾，"我"很喜欢旅行，看到哪里的人多、车多、工厂多，哪些地方的社会经济发展快，"我"就会去凑个热闹，一探究竟。

　　当"我"抵达时，当地的天空立马就变得灰蒙蒙的，水平能见度明显降低，空气呈现出混浊状态，人们也开始生病甚至死亡，所以人类很讨厌"我"。但是，"我"很喜欢观察人类社会发展的历程，见证他们快速发展的城市化进程。所以，"我"以环游世界为乐，下面就给大家介绍一下"我"的环球旅行经历吧。

雾霾天看不清停机坪上的飞机

一、比利时

　　1930 年 12 月 1 日~1930 年 12 月 15 日，"我"第一次来到欧洲。首先，"我"迫不及待地去参观盛产巧克力的比利时，落脚点是马斯河谷。马斯河

谷以产煤业和金属加工业闻名于世，同时还遍布锌厂、过磷酸钙厂，工业区内有 13 个工厂，它们排放的大量烟雾弥漫在河谷上空无法扩散，在 SO_2 等有害气体及粉尘污染的综合作用下，"我"隆重登场。

"我"停留在这里时，马斯河谷工业区有上千人出现胸疼、咳嗽、流泪、咽痛、声嘶、恶心、呕吐、呼吸困难等症状。据不完全统计，一个星期内就有六十多人死亡，是同期正常死亡人数的十多倍。事后调查，引发"我"的主因是工业企业和私人住户燃煤。当时有专家预言，如果同样的天气条件在同样的时间长度内出现，并延续着同样的工业活动，这样的事故将会再次发生，并预计如果同样的事情发生在泰晤士河谷中的伦敦，死亡人数将为马斯河谷此次事件中死亡人数的 10 倍以上。

这次旅行是"我"在 20 世纪人类有记录以来最早最耀眼的一次亮相，震惊了世界，至今人类还把马斯河谷烟雾事件认定为一次大气污染惨案。

二、美国

1943 年，"我"来到位于美国西南海岸的洛杉矶市。这里有 250 万辆汽车，每天大约消耗 1100 吨汽油，排出一千多吨碳氢化合物、三百多吨氮氧化物和七百多吨一氧化碳。另外，还有炼油厂、供油站等燃烧石油，排放的化合物到达阳光明媚的洛杉矶上空，在太阳紫外光线照射下引起化学反应，形成浅蓝色烟雾。这样的烟雾让该市许多市民出现眼红、头疼等症状，后来人们称这种烟雾为"光化学烟雾"。"我"很喜欢洛杉矶，1955 年，"我"让当地很多人因五官中毒、呼吸衰竭而死；1970 年，"我"成功让约 3/4 的市民患上了红眼病。

1948 年 10 月 26~31 日，"我"到美国多诺拉游玩了几天。这里的工厂排出的大量烟雾由于大气逆温现象被封闭在山谷中，扩散不出去，空气中散发着刺鼻的 SO_2 气味，令人作呕。整个小镇在这几天里除了烟囱，一切都消失在烟雾中。小镇里陆续有六千多人出现眼病、咽喉痛、流鼻涕、咳嗽、头痛、胸闷、呕吐等各种症状，近二十人生病死亡。

三、英国

英国是世界上最早实现工业化的国家之一，也是"我"特别喜欢去的地方之一。1840~1900 年，英国约有 1/4 的人死于由空气污染引起或加剧的肺病。因此，作为世界上最早出现"我"的城市，伦敦被形容成"一座由沼泽、迷雾、煤烟与马粪组成的城市"，获得了"雾都"之称。

1952 年 12 月 5~8 日，"我"到英国伦敦游玩了几天。那时正值冬季，伦敦居民大量燃煤，加之那几日无风，城市上空连续四五天烟雾弥漫，能见度极低。在白天，伦敦人甚至低头都看不见自己的鞋；在上演《茶花女》的剧院，

观众看不到舞台，只能被迫散场；伦敦交通瘫痪，交警在白天也要打着火把才能看到路上的车和行人。由于大气中的污染物不断积蓄，不能扩散，许多人感到呼吸困难、眼睛刺痛、泪流不止，伦敦城内到处都可以听到咳嗽声。仅仅四天时间，死亡人数就达四千多人，两个月后又有八千多人陆续丧生。就连当时在伦敦参加展览的 350 头牛也惨遭劫难，1 头牛当场死亡，52 头严重中毒，其中 14 头奄奄一息。此后，"我"又在 1956 年和 1962 年再次去伦敦旅游，分别夺去 1000 多人和 750 人的生命。

四、德国

　　1962 年 12 月 3~7 日，"我"首次来到德国鲁尔工业区，当时部分地区空气的 SO_2 浓度高达每立方米 5000 微克，当地居民呼吸道疾病、心脏疾病和癌症等发病率明显上升。

1979 年 1 月 17 日，"我"再次来到鲁尔工业区，当地空气中 SO_2 浓度严重超标，德国历史上对"我"的一级警报首次拉响。

1985 年 1 月 18 日，"我"第三次来到鲁尔工业区，这次德国拉响了最为严重的三级警报。空气中弥漫着刺鼻的煤烟味，能见度极低，鲁尔工业区多个城市实施车辆禁行措施，并暂停重工业生产。5 天时间里，SO_2 在 24 小时的平均浓度高达每立方米 800 微克，颗粒物升至每立方米 600 微克。每日死亡率上升 8%，因呼吸道和心血管疾病住院的人数上升了 15%。

五、日本

日本作为早期亚洲唯一工业化的国家，当然也是"我"经常"光顾"的地方。20 世纪初，日本进入高速发展时期，以钢铁业和采矿业为主，"我"的出现让大阪被称为"烟都"。据大阪市立卫生试验所调查显示，1924~1925 年，大阪每年降落的煤尘为每立方公里 493 吨。大阪市民即使在炎热的夏天都不能开窗户。1955 年起，日本进入前所未有的经济高速增长时期，能源的消耗量也越来越大，"我"更加茁壮成长。1964 年，"我"光顾大阪时连续 3 天烟雾不散，哮喘病患者开始死亡。1967 年有部分患者因不堪忍受折磨而自杀，1970 年患者已多达 500 多人，1972 年全市哮喘病患者人数达 871 人，死亡 11 人。

六、巴西

1982 年，"我"来到巴西圣保罗以南 60 公里的库巴唐市。库巴唐市位于山谷之中，20 世纪 60 年代开始引进炼油、石化、炼铁等外资企业，陆续达

到 300 多家，人口剧增至 15 万人，库巴唐成为圣保罗的工业卫星城。"我"在这里快活极了，每天享受着大量五颜六色的工业废气。"我"的滞留让 20% 的人得了呼吸道过敏症，医院挤满了接受吸氧治疗的儿童和老人，约两万多居民严重受害。20 世纪 80 年代，因空气污染，这里的树都变成黑色的枯枝，库巴唐 35% 的婴儿甚至活不过 1 岁。科研人员发现，库巴唐市的居民患各种癌症的概率高得惊人：在库巴唐及毗邻的桑托斯等地区，膀胱癌患者人数占总人口的比例比其他城市高 6 倍；神经系统（包括脑部）的癌症患病率是其他城市的 4 倍；另外，肺癌、咽喉癌、口腔癌和胰腺癌的患病率也是其他城市的 2 倍。因此，库巴唐及毗邻的桑托斯等地区被称为"死亡之谷"。

七、中国

在中国，2003 年以前，大家对"我"没啥印象，因为人们的注意力都被沙尘暴吸引了。2006 年，当外媒热切研究"我"对中国经济和奥运会的影响时，国内媒体却还在把"我"当作"罕见大雾"报道，只关心这种天气对交通的影响。2007 年，国外专家开始研究"我"

的致命性，日本抗议"我"天天往他们那里飘。全世界人民都在讨论中国人每天受到"我"的侵扰这件事。"我"非常喜欢中国，这里人多车多好热闹，"我"决定在发展速度惊人的中国多玩一段时间，看他们能怎样对付"我"。

2011年11月，乌鲁木齐一周内有六天都被大雾笼罩，能见度不足100米，有的地方能见度几乎为零，被戏称为"雾"鲁木齐。

2013年1月，"我"笼罩了中国30个省（区、市）共约30%的国土面积，让近8亿人感受到"我"的存在，成功引起了社会的广泛关注。在北京，1月份仅有5天没有见到"我"。报告显示，世界上污染最严重的10个城市中有 7 个在中国。"我"成功地成为年度关键词。11 月，中国社会科学院、中国气象局联合发布的《气候变化绿皮书：应对气候变化报告（2013）》指出，近五十年来，"我"出现的时间总体呈增加趋势。12 月 25 日，几十个城市发布了对"我"的预警。网民调侃说，和朋友度过了一个只闻其声、不见其人的"难忘"的圣诞节。

2014 年，"我"在中国频繁出没，创历年之最，全中国平均霾日数为 35.9 天。1 月 4 日，国家减灾委员会办公室、民政部首次将危害健康的雾霾天气纳入 2013 年自然灾情进行通报。2 月下旬，"我"再次来到了中国中东部地区，影响面积约占国土面积的 1/7，其中重度霾面积约为 80 万平方公里。

2015 年，被"我"覆盖的中国城市达到了 1523 个，造成了 11 次大范围、持续性的影响。10 月 16 日，中国有 29 个城市发布了重度及以上污染警报。11 月 30 日，北京、河北局部地区 $PM_{2.5}$ 最高小时浓度超过每立方米 900 微克，北京琉璃河监测站监测结果显示 $PM_{2.5}$ 每小时浓度高达每立方米 976 微克。2015 年 12 月 7 日晚，北京市应急办发布空气重污染红色预警，这是北京市第一次发布的空气污染红色预警。

2016 年新年伊始，"我"在中国多地"上线"，北起辽宁，南至四川，西达新疆，东到山东。2016 年"我"不仅来得"早"，还覆盖了更大的范围。10 月 15 日开始，京津冀及周边地区部分城市首先出现空气重污染过程，16 日华中、华东地区部分城市也出现空气重污染过程。12 月，大范围雾霾重污染天气发生。石家庄、邯郸等市 $PM_{2.5}$ 破千；12 月 16 日，大范围重污染天气进入最严重时段，扩散至 17 个省（区、市）；19 日，全国重度霾影响面积达 58 万平方公里，是当年范围最广、时间最长、强度最强的霾过程。

2017 年 1 月 15 日，据有关报道显示，在全中国 74 个监测城市中，有 33 个城市 $PM_{2.5}$ 检测数据都超过了每立方米 300 微克，北京城区 $PM_{2.5}$ 值甚至一度逼近每立方米 1000 微克。这意味着"我"严重污染了半个中国。"我"的表现引发了国内外媒体的广泛关注。香港《南华早报》形容北京遭遇的浓密雾霾"令人窒息"，空气质量的污染程度达到了"危险"的水平。

2018 年，由于中国人的勇猛对抗，"我"在中国出现的频率显著降低，"我"的活动范围和时间都减少了很多。中国各城市大气 $PM_{2.5}$ 基本都呈下降的趋势，空气质量开始好转。

　　总的说来，"我"仿佛是工业发展的产物，所以"我"的旅行足迹遍布全球。"我"最喜欢去的地方是急剧工业化和城市化的地方，因为那里能源消耗迅猛、人口高度聚集、生态环境破坏，"我"就跑去凑热闹。如果遇到逆温等不利于污染物扩散的静态气象条件，以及山谷等地形条件，"我"出现的频率就会更高，停留的时间也更长。每一个以工业为主导发展起来的国家都有一段由"我"唱主角的黑暗历史。在"我"粉墨登场进行表演的过程中，人类逐渐认识"我"、了解"我"，并开展了与"我"不懈的战斗。"我"见证了人类社会工业发展史和人类文明进步的步伐，"我"的出现一次次给他们敲响了警钟。

第二节 "我"的家族

一、家族的主要成员

"我"的家族非常庞大，不仅有个头差异很大的颗粒物兄弟姐妹，还有各种气体分子和各类化学、生物组分等小伙伴。就"我"家族里的颗粒物兄弟姐妹来说，仅仅直径就跨越了 5 个数量级，也就是说最胖的和最瘦的"体型"相差 100000 倍。

随着人类对"我"的家族成员的认识逐渐深化，他们明确指出"我"的颗粒物兄弟姐妹的直径是大气中颗粒物非常重要的特性。不同大小的颗粒物的来源、物理化学特性、对环境的污染方式和对人体健康的威胁等差异非常大。

（一）家族的灵魂人物——PM$_{2.5}$

首先要向大家隆重介绍的就是家族的灵魂人物——PM$_{2.5}$ 了。PM 为英文 particulate matter 的缩写，即颗粒物。PM$_{2.5}$ 即指环境空气中空气动力学当量直径小于或等于 2.5 微米的颗粒物，大概相当于头发丝直径的 1/20，是不是非常小？小得肉眼都看不到了。所以 2013 年 2 月中国科学技术名词审定委员会将 PM$_{2.5}$ 命名为"细颗粒物"，也称为"可入肺颗粒物"。PM$_{2.5}$ 特别小巧灵活，可以穿越重重障碍，直接进入人体肺部，在肺泡上沉积并干扰肺部的气体交换，损伤肺泡和黏膜，引起肺组织的慢性纤维化，导致肺心病，加重哮喘病，引起慢性鼻咽炎、慢性支气管炎等一系列病变。PM$_{2.5}$ 虽然个子小，却更容易携带各种化学组分、细菌、病毒等污染物，危害人体健康。

与个头较大的哥哥姐姐们相比，PM$_{2.5}$ 的个子小、重量轻，想飘到哪里去都可以轻易飘过去。所以，PM$_{2.5}$ 在大气中的停留时间会比较长，既可以跨越太平洋、大西洋等，也能到达遥远的北冰洋、南极洲。换句话说，长途旅行既是 PM$_{2.5}$ 的特长，又是 PM$_{2.5}$ 的兴趣！

在旅行时，PM$_{2.5}$ 喜欢一路呼朋唤友，可以在同一天出现在中国北京、日本名古屋和韩国首尔的上空。当 PM$_{2.5}$ 在几个国家或地区的上空同时出现时，人类指责"我们"造成了"区域性污染"。另外，PM$_{2.5}$ 个子虽小，但 PM$_{2.5}$ 的表面积大、活性强，易附带有毒、有害物质（如重金属、微生物等），因而对人体健康和大气环境质量的影响更大。专家一针见血地指出：PM$_{2.5}$ 是霾天气的"元凶"！所以，PM$_{2.5}$ 的威力不容小觑！

（二）"我"的颗粒物兄弟姐妹

"我"的大哥——总悬浮颗粒物（TSP）

"我"的大哥叫"总悬浮颗粒物"（total suspended particulate,TSP）。TSP 是能悬浮在空气中且空气动力学当量直径小于等于 100 微米的颗粒物。燃煤排放烟尘、工业废气中的粉尘及地面扬尘是 TSP 的重要来源。TSP 很喜欢到中国的甘肃、新疆、陕西、山西的大部分地区以及河南、吉林、青海、宁夏、内蒙古、山东、四川、河北、辽宁的部分地区旅游。

不过，粒径大于 10 微米的 TSP 由于体型太大，身体较重，在大气中悬浮一阵子就因重力自然沉降到地面，不能像个头轻巧的弟弟妹妹们一样长时间在大气中长距离旅游。所以，TSP 基本不会对人类社会造成持续性的影响和危害。

"我"的二姐——PM_{10}

"我"的二姐叫"可吸入颗粒物"（PM_{10}），是指空气动力学当量直径在 10 微米以下的颗粒物，也叫 "飘尘"。PM_{10} 主要来自扬尘、燃煤尘、汽车尾气尘、燃油尘和建筑水泥尘。既然 PM_{10} 叫"飘尘"，那其飘移能力就比大哥强多了，PM_{10} 可以与弟弟妹妹和其他气态污染物小伙伴一起飘移到想去的地方，不会因为太重而迅速落到地面。

PM_{10} 和 $PM_{2.5}$ 虽然都属于可吸入颗粒物，能在大气中长期漂浮，且都含有有害物质，但是两者对人体健康和空气质量的危害程度是不一样的！例如，PM_{10} 能被人直接吸入呼吸道，但部分可通过痰液等排出体外，也会被鼻腔内部的绒毛阻挡，所以 PM_{10} 对人体健康的危害比 $PM_{2.5}$ 相对较小。

"我"的小弟——PM_1

"我"的小弟是空气动力学当量直径在 1 微米以下的颗粒物（PM_1）。目前，人类对 PM_1 的监测还比较少，然而国内外学者已经开始重视 PM_1 了，因为 PM_1 也非常积极地参加"我们"的聚会，负载很多污染物，对霾的贡献同样不容忽视。例如，对深圳在非霾日、霾日的对比研究表明，深圳冬季霾日除臭氧（O_3），其他气态污染物和 PM_1 主要化学组分的平均质量浓度比非霾日增加了 40% 以上；PM_1 中的有机物是深圳冬季霾的首要污染因子；PM_1

主要化学组分均表现出霾日高于非霾日的特征（薛莲 等，2015）。

（三）"我"的小伙伴

除了兄弟姐妹们，"我"还有一堆小伙伴，主要包括大气中的二氧化硫（SO_2）、二氧化氮（NO_2）、一氧化氮（NO）、一氧化碳（CO）、挥发性有机物（VOCs）、臭氧（O_3）等各种气体污染物，还有"我"的颗粒物兄弟姐妹们身上负载的各种成分，如水溶性无机组分[钠离子（Na^+）、镁离子（Mg^{2+}）、钙离子（Ca^{2+}）、铝离子（Al^{3+}）、氯离子（Cl^-）、氟离子（F^-）、亚硝酸根（NO_2^-）、硫酸根（SO_4^{2-}）、硝酸根（NO_3^-）、铵根（NH_4^+）等]、元素组分[铜（Cu）、铁（Fe）、锰（Mn）、锌（Zn）、铅（Pb）、钠（Na）、镁（Mg）、铝（Al）、硅（Si）、磷（P）、钙（Ca）、镍（Ni）等多种金属及非金属元素]、有机组分[多环芳烃（polycyclic aromatic hydrocarbons，PAHs）等]和细菌、生物组分等。"他们"都是"我"玩得很好的小伙伴。因为"我们"经常在一起玩，所以"我们"可以以不同的比例随意组合出现在不同的地方，带来不同的后果，也就是人类描述的"不同的污染特征"。

例如，"我"跟高浓度的 SO_2 或者 NO_2 一起玩时，"我们"可以产生"协同"作用，给环境和人体健康带来更严重的后果。

"我们"和 O_3 一起旅游时，人类对我们更头疼。例如在人类集中力量打败"我"时，由于"我"的数量减少，促使"我"吸收和散射太阳辐射的能力降低，反而会造成大气光化学反应增强，促进"我"的小伙伴 O_3 的生成，而 O_3 浓度的增加也是让人类头疼不已的问题。所以，只有弄清楚"我们"家族成员与伙伴们之间的关系、相互影响和作用，才能更好掌握"我们"每一个成员的脾气和性格，并采取更科学的措施和方法与"我们"一决高低。

VOCs PM_1

PM_{10} TSP NO_2

SO_2

$PM_{2.5}$

总之，"我"的家族很庞大，"我"的小伙伴们也很多，"我们"对人类社会的影响非常深远（图 1.1）。要好好认识"我们"，可是需要花大力气的。

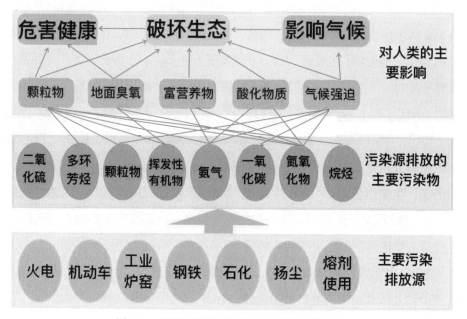

图 1.1 "我"的家族成员及对人类社会的影响

二、家族成员的相貌

介绍了"我"庞大的家族，大家可能想看看"我们"一家到底是什么模样。其实，"我们"的长相千差万别，因为"我们"不仅大小不同，而且不是独自旅行的。"我们"还携带了很多化学成分，主要包括有机碳（organic carbon，OC）、元素碳（elemental carbon，EC）、硝酸盐、硫酸盐、铵盐、钠盐等小伙伴。"我"的颗粒物兄弟姐妹跟我的小伙伴们以各种形式聚集在一起成为 1 个颗粒或者 1 串颗粒，长相肯定不同了。

其次，"我们"的混合方式还有内混、外混等，再加上不同来源，"我们"的长相就更是千奇百怪了。所以，"千人千面"这个词语用于描述"我们"家族的长相也挺合适的。

即使人类称呼"我们"为"可见的"污染物，人类的肉眼也无法轻易看到"我们"的长相，他们只能看到灰蒙蒙的天空。

聪明的人类常常借助仪器设备来探寻"我"的模样。感兴趣的读者们请扫描右方的二维码。

第三节 "我"的生活习性

虽然"我"的生活比较随性，但是也有一定的规律。当"我"去世界各地不同的城市旅行时，由于"我"在当地的兄弟姐妹和小伙伴数量不同，他们和"我"的亲密程度也有差异，所以"我"在有些地方玩得很开心、待的时间也很久；而有的地方"我"却匆匆瞥一眼就走了。人类觉得这样的"我"挺神秘，而且性格古怪。

其实，"我"的旅行目的地通常都是经过精心挑选的。例如在中国，"我"喜欢去京津冀地区、成渝地区、长江中下游、珠江流域及河南西部等地。主要原因是这些地方的人类活动频繁，排放到大气中的"我"的兄弟姐妹和小伙伴们很多，所以"我们"经常一起聚会。

绿色和平组织（Greenpeace）于 2013 年发布的 74 个空气质量排名城市统计结果表明，中国北部城市 $PM_{2.5}$ 年均浓度约为每立方米 89.9 微克，南部城市约为每立方米 59.4 微克，东部城市约为每立方米 70.6 微克，中部城市约为每立方米 76.6 微克，西部城市约为每立方米 59.9 微克。也就是说，中国北部城市 $PM_{2.5}$ 最高，南部城市最低，所以"我"经常去北方城市与"我"的兄弟姐妹们汇合。

漂亮的珠江三角洲地区（简称"珠三角"）也常常吸引"我"过去，但是"我"

在那里不同城市的年均、月均质量浓度分布差异非常大。为什么会这样呢？简单来说，远离海洋的珠三角北部地区由于有山脉阻隔，空气中的污染物扩散条件差，因此"我"和"我"的家族成员及小伙伴们可以在那里很好地聚集，形成高浓度区域。而珠三角东南方向的深圳、中山、珠海等由于靠海很近，临近海洋的区域也较大，这些城市中可以产生强劲的海陆风和小尺度的区域性环流，这些条件都可以导致"我"在大气中快速地被稀释扩散，因此"我"的质量浓度就变得较低了。

另外，"我"发现现在很多城市都喜欢分功能区进行规划建设，如工业园区、居民生活区、旅游文教区、风景名胜区、商业居民混合区等。每个功能区对"我"的吸引程度是不同的，所以哪怕在同一个城市，不同的季节里、不同功能区内"我"的兄弟姐妹和小伙伴们的分布差异都很大，如部分工业区里燃煤尘很多，而交通商业区里则是机动车尾气尘最多，"我"就专程赶到兄弟姐妹和小伙伴多的地方扎堆聚会，而风景名胜区、旅游文教区里"我"的小伙伴较少，"我"就较少光顾了。

除此以外，在不同地区，"我"会选择和不同的小伙伴玩。在美国多数地区，"我"最喜欢跟当地大气中的 SO_4^{2-} 结伴；在美国西部地区，"我"喜欢跟当地大气中的 SO_4^{2-} 和有机碳一起玩；而在加利福尼亚州南部，"我"则更喜欢跟当地大气中的 NO_3^- 一起。在中国广州，"我"最喜欢黑碳和 NO_3^-；在台湾，"我"的兄弟姐妹们不仅数量多，其负载的 SO_4^{2-} 和 NO_3^- 等也多，再加上这里靠海，空气相对湿度较高，于是"我"每次去那里都玩得很开心。其实，"我"最喜欢去湿度高的地方，如果当地的兄弟姐妹多而且它们携带的 SO_4^{2-}、NO_3^- 及有机碳这些小伙伴也多时，"我"就特别兴奋。

在一些特殊的时节，"我"也玩得很开心。比如在除夕、大年初一以及元宵节，只要涉及放鞭炮、烧纸钱等相关习俗活动时，"我"就跑去凑热闹，当地的空气质量指数都会有非常明显的升高。"我"的浓度可以从平时的每立方米几十微克突然上升到每立方米上千微克。直观上来说，人类在经历了新年鞭炮的洗礼后，往往发现第二天明亮的天空变得灰蒙蒙，这就是"我们"

的"功劳"。

还有一个特殊时期——秸秆焚烧时期，也是"我们"一家开心聚会的时候。秸秆焚烧可以大量提升空气中"我"及兄弟姐妹们的浓度。"我们"一家在气流运动影响下，短时期内就可以在局部区域聚集起来，如果这个城市还具备逆温的气象条件和不易扩散污染物的地形条件，"我们"在那里停留的时间就更长。但是，秸秆焚烧时"我们"一家表现出来的特征与日常聚会有一定的差异。例如，2008年对长江三角洲地区的江苏、安徽、浙江的各地级市及上海市调研发现，秸秆焚烧可以导致区域 PM_{10}、CO 浓度上升 30% 以上，对黑碳和有机物的消光贡献明显增强。

总的来说，在不同季节里，"我"的生活习惯和性格特点差异很大。秋、冬季时"我"特别喜欢出去旅游，每到一个地方就让当地大气呈现灰蒙蒙的状态。春夏季节，我们也找不到合适的玩伴一起去旅行，反而是"我"的小伙伴——O_3 等喜欢这样的季节。

介绍了这么多"我们"家族成员的特点，大家是不是觉得"我"不再那么神秘了？其实，"我"的性格和生活习性还有很多方面值得人类好好研究和发现。

第四节 "我"的"爆"脾气

我们一家经常到世界各地旅游，"我"的脾气也不小，一旦发起火来，往往造成很严重的后果。"我"发火最直接的表现就是 $PM_{2.5}$ 爆表！什么叫 $PM_{2.5}$ 爆表？就是 $PM_{2.5}$ 的浓度值超出人类检测仪器测量范围的最大值。仪器都无法测量了！那么，人类此刻看到的天空一定是混浊不清的，闻到的气味也刺鼻难受。所以，"我"的"爆"脾气对空气质量、能见度、区域乃至全球气候以及人类健康都能产生严重的影响，并拥有非常大的破坏力。下面大家就来看一看"我"的威力有多大吧。

一、"我"对交通运输的影响

"我"的颗粒物兄弟姐妹们都能够吸收和散射光，降低大气能见度。空气中悬浮的细颗粒物越多，对光的散射就越强，能见度就越低。"我们"对城市大气光学性质的影响能达到95%以上，其中 $PM_{2.5}$ 是导致能见度降低的最主要因素。

大气能见度下降，将直接影响海、陆、空的交通安全。例如，"我"引起的"雾闪"曾经导致京广铁路断电，造成临时停车或者延误等影响。而"我"对于航空影响更大，需要临时关闭机场，影响飞机的按时起飞和降落，甚至导致飞机失事。2013年1月，对中国大面积雾霾事件进行统计发现，全国共有15个省（区、市）的23个机场受到不同程度的影响，造成全国航班延误2428班次，平均延误时间为每班次1.5小时，航班取消1479班次，备降航班111班次，滞留旅客超过6万人。对高速公路封路的信息进行统计表明，共有14个省（区、市）由于雾霾造成高速封路，封路路段总计为346条，封路时间总计为3030小时，导致高速收费损失总额约为1.88亿元。对交通事故进

行统计发现，2013 年 1 月共有 10 个省（区、市）由于雾霾天气发生交通事故 965 起，造成 36 人死亡，232 人受伤。所以，人类把"我"定义为"灾害性天气"。

二、"我"对区域气候的影响

如果"我"说"我"能让全球温度降低，您会不会觉得"我"在吹牛呢？其实"我"真有这样的本事，"我"对气候变化的影响可以分为直接效应和间接效应。一方面，"我"可以通过吸收和散射太阳辐射，以及吸收和释放地表的红外辐射降低环境温度，直接影响气候，导致地面越来越冷、大气越来越热，加剧区域大气层的加热效应、增加极端气候事件，严重影响区域和全球的气候变化。

一般来说，"我们"聚会时，"我"的小伙伴们可以在大气中厚达 1 ~ 3 公里的区域里尽情欢悦。"我"的家族成员中直径为 1 ~ 2 微米的小弟弟小妹妹们最喜欢参加聚会。他们非常厉害的一个特点就是散射太阳光里部分波长较长的光到宇宙空间去，不让这部分阳光直接到达地球表面。因此，当"我"的颗粒物兄弟姐妹们大量聚集在一起时，"我们"可以通过散射太阳光，一定程度上阻止阳光直接到达地球表面，导致地球表面出现降温的现象，人类称之为"阳伞效应"。这是人类把"我"的颗粒物族群比喻成一把遮阳的"伞"，把阳光散射到大气中而无法照到"伞"下的人身上，因此"伞"下的人明显感受到比无"伞"时更凉爽，温度降低。例如 1991 年 6 月 16 日，菲律宾皮纳图博火山喷发，大量的尘埃和硫酸盐气溶胶进入大气的平流层中，并在其长达 2 年的寿命期内逐渐均匀分布，使得 1992 年全球平均气温下降了 0.5℃。另一方面，"我"可以作为云凝结核而改变云的微物理、光学特性和降水效率，从而间接影响气候。

三、"我"对降水的影响

"我"在降水的形成和沉降过程中起着十分重要的作用，对降水的性质是否为"酸雨"有着举足轻重的影响。一方面，"我"的小伙伴们由于含有大量 SO_2、NO_x 等物质以及各种离子，可直接影响雨水的酸碱性，促进酸雨的形成。当大气中有较多 SO_2、NO_2 等"我"的小伙伴们的时候，"他们"被雨捕捉吸收，降到地面时，雨水就变成了酸雨。

当工业燃煤等来源排放的 SO_2 较多时，会导致雨水中的"二次污染物"——SO_4^{2-} 较多，人们称之为"硫酸型酸雨"；当汽车尾气等来源排放的 NO_x 较多时则会导致雨水中的"二次污染物"——NO_3^- 浓度明显提高，这时人们称之为"硝酸型酸雨"。酸雨这个全球性的大气环境问题一直被人类重视，因为它可导致土壤酸化、破坏建筑物、影响人类身体健康等。

另一方面，"我"作为云凝结核，可以影响雨滴的数量和粒径，对云的形成和降雨过程造成影响。"我们"家族中直径大于 0.05 微米的兄弟姐妹，尤其是 SO_4^{2-}，能参与云的生成、演化和消散过程，改变降水形成的微物理过程和降水量，对区域的旱、涝灾害带来较大影响，可以让旱的地区更旱，涝的地区更涝。在干燥的地区或季节，"我"的增加可以改变云微物理特性，抑制降水；在湿润的地区或季节，"我"的增加会增加降水和暴雨强度。举一个例子，由于"我"的存在使夏季平均气温变化最大的巴尔喀什湖附近气温降低达到 2.5℃以上，使海陆热力对比减小、亚洲夏季风减弱，加剧了东亚夏季降水的减少。有观测研究发现，"我"在某地区时，促进了该地区大雨的峰值提前了几个小时。原因是"我"的吸收性气溶胶（黑碳）的直接效应加热了低层大气，使得中低对流层的大气稳定度降低，增强了垂直方向的对流运动，也增加了水汽输送，从而有利于大雨的提前发生。这样，大家是否明白了"我"对环境的影响没有那么简单，而是多元化的综合性影响的结果。

四、"我"对农业生产的影响

"我"对农业生产也可造成不利影响。大家都知道，农作物的生长发育离不开阳光，阳光的强度和照射时间会影响农作物的光合作用从而影响其生长发育过程和最终的品质。"我"的出现吸收了一部分阳光，降低了光照时间和强度，会导致光周期不足、薄光寡照、大气温度下降等后果，不利于农作物正常生长和优质丰收。有统计表明霾天气可导致农作物减产 25%。

与此同时，"我"负载的有毒重金属等物质进入植物体内也可造成毒害效应，阻碍农作物生长，植株出现变黄枯萎等现象。农业减产、绿地生态系统生长受阻、产量和品质降低等都离不开"我"的"功劳"。

五、"我"的其他影响

"我"其实还有很多方面的能力，可以深刻改变人类社会及其生态环境。例如在海洋世界里，携带丰富的氮、磷等营养元素的"我们"可以跟随雨、雪等一起沉降到海洋里，为海洋生物提供营养物质。这不仅影响它们的初级生产力，也影响 CO_2 和 C_2H_6S 等活性气体在海洋里的释放过程，影响海洋生物泵过程，从而引起海洋和全球碳循环的变化，导致极为重要的生态环境和气候效应。

另外，"我"不仅给大气中气态、颗粒态、液态等各种形态的物质提供多相化学反应的温床，也给它们提供了促进反应进行的催化剂。所以"我"可以深刻影响温室效应、光化学烟雾等全球性大气环境问题的发生、发展等。

除此之外，"我"还可以通过大气传输引起各种跨界争端、国际争端，影响国家形象和环境外交等。例如，"我"把中国的小伙伴们带到日本或者韩国去，日本或韩国就会认为中国是产生"我"的根源。"我"在大气中的跨界传输影响了其他国家的空气质量，导致他们对中国产生抱怨，并给予外交压力。所以，千万不要小看"我"，更不要惹怒"我"，"我"可是变化多端、不达目的不罢休的。

第二章 霾的成长特点

> 人类视"我"为破坏生态环境和影响人体健康的毒瘤，因为"我"有很多种方式可以打击人类。这样邪恶的"我"，人类一直想除之而后快。聪明的人类深知"斩草要除根"，因此他们必须知道"我"到底从何而来，并了解我的成长特点，才能战胜"我"。

第一节　揭开"我"的身世之谜

"我"的名字——"霾"这个字并不是现代人发明的。早在三千多年前有文字记载以来就已存在，而古人对"我"的认识或许就更早。自那以后，各个历史朝代的文献都有许多关于"我"的记载。

古代"我"就已经在人类社会里出没，许多文学作品中也记录了"我"的存在。例如，西周初年至春秋中叶的《诗经·终风》里有"终风且霾，惠然肯来。莫往莫来，悠悠我思"；唐代杜甫的《秋日夔府咏怀奉寄郑监李宾客一百韵》记载的"拂云霾楚气，朝海蹴吴天"；唐代诗人李白在《大庭库》中写道"莫辨陈郑火，空霾邹鲁烟"；宋代宋庠的《道出襄城遇大风于野》中有"此路前闻七圣迷，风霾终日暗天涯"；明代的硕篽在《寄鲁三父》中记载"云霾楚树连江暗，雪涨湘江泊水低"；战国时期的屈原在《九歌·国殇》里写道"霾两轮兮絷四马，援玉枹兮击鸣鼓"；清代查慎行的《中秋夜洞庭湖对月歌》中记载"长风霾云莽千里，云气蓬蓬天冒水"。他们都清楚地记载了"我"出现时的情景，其中提到最多的是"我"出现时伴有大风和天色阴暗的现象，这是"我"出现时最大的特点。

"我"的名字——"霾"的意思从古至今是否有改变呢？答案是肯定的。最初，古人受知识局限，无法认识许多自然现象，因此便将霾这种怪异现象理解为有风而且天上降土。例如在公元前 1217 年（商朝），百姓看到天昏地暗、铺天盖地的飞沙走石现象就误认为是灾难降临。现在，很多对古文的译注中，大多把霾解析为尘土飞扬，实际上就是今天的"沙尘暴"天气。按古人对霾的理解，霾占各类气候记录数量的百分比在 1% 以下（即包括在对尘的统计当中）。可见，古籍中对霾现象的记录在各种有关天气的比例中并不高。需要注意的是，古代的霾和现代的霾即使名字相同，内容也完全不同。各种关于"我"的记录根本没有可比性。

　　"我"的身世使"我"在世人面前保持着一种神秘感。现代，人们对"我"的认识也经历了一段曲折的历程。国内最早提及"霾"的论文作者、中国气象局研究员吴兑指出中国人以前对"我"的误解："我们原来认为重庆是'雾都'其实是误解。重庆由于第二次世界大战的军工开发和 1949 年后的军工建设，一直是严重的'霾都'，只是过去科学认识

水平不够，误认为是'雾都'。伦敦也是一样，它工业化以后就是个'霾都'。我们以前认为能见度恶化都是雾造成的，其实很多情况下都是霾。"现在的"我"，主要是现代文明的产物。

　　近年来，大家在熟悉"我"后，纷纷使出"洪荒之力"对"我"进行"调侃"。虽然，大家更多的是以戏谑的口气表达出对"我"的不满及对他们的伤害。然而，正因为他们认识到"我"的危害究竟有多大后，才从国家到地方、从管理者到公民都拼尽全力通过各种科学手段和渠道去逐渐了解"我"，并加入对付"我"的战斗中，一层层揭开"我"的神秘面纱。

第二节 "我"来自何方

一、"我"的主要来源

可能有人会问："我"到底来自哪里？"我"的来源主要有两种，一种是自然源，一种是人为源。

（一）自然源

生物：

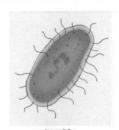

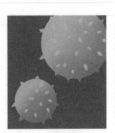

病毒　　　　细菌　　　　真菌　　　　花粉

所谓自然源，当然就是指来自大自然了，包括土壤扬尘（含氧化物矿物和其他成分）、海盐（颗粒物的第二大来源，其组成与海水的成分类似）、植物花粉、孢子、细菌等。自然界中的灾害事件，如火山喷发会向大气中排放大量的火山灰，森林大火及尘暴事件都会将大量细颗粒物输送到大气层中。2008 年 11 月 16 日，美国洛杉矶山火爆发造成空气严重污染；2010 年 8 月，俄罗斯境内的 554 个森林着火点和 26 个泥岩着火点导致空气重度污染；2013 年 6 月，受印度尼西亚森林火灾的影响，空气质量一直良好的新加坡数日

内被雾霾笼罩，空气污染指数爆表。所以，大自然也可以创造"我"，特别是自然灾害事件更是"我"喜闻乐见的情境。

（二）人为源

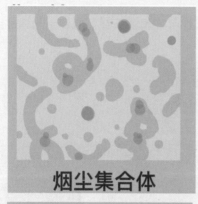

烟尘集合体

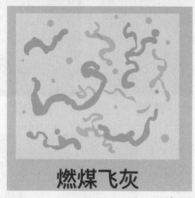

燃煤飞灰

我来自工厂废气、汽车尾气等。

　　除了自然源，更重要的是人为源。人为源是指人类社会活动所形成的污染源，是环境保护工作研究和控制的主要对象。人为源有多种分类方法，如可以分为固定源和流动源。固定源包括人类在生产生活中使用各种燃料，如在发电、冶金、石油、化学、纺织印染等各种工业过程及供热、烹调过程中，燃煤、燃气或燃油燃烧排放的烟尘。流动源主要是人类乘坐的各类交通工具，如汽车、火车、轮船、飞机等在运行过程中使用燃料燃烧排放的烟尘。

　　这么多的自然源和人为源，人类如何具体识别呢？

二、如何解析"我"的来源

显然，只有使用科学的源解析方法判断"我"的主要来源才是控制和治理"我"的关键。于是，人类提出对大气颗粒物进行来源解析，也就是通过化学、物理、数学等方法定性或定量识别大气颗粒物的污染来源。中国在 20 世纪 80 年代后期开始进行对"我"的来源解析相关工作。他们通过源清单法、源模型法、受体模型法以及源模型和受体模型联用法对"我"进行溯源（图 2.1），并分析每个来源对"我"形成的贡献有多大。下面简单介绍常用的 4 种源解析方法。

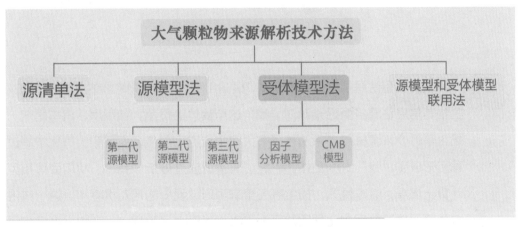

图 2.1 大气颗粒物来源解析技术方法

（一）源清单法

这种方法是人类在对行业活动水平进行分析的基础上，通过调查、实验或模拟计算等方法得到各种污染源对"我"的排放因子，如燃烧 1 吨煤会排放多少克"我"就是燃煤这项活动对"我"的排放因子，再把排放因子和基于该排放因子下的行业活动水平进行乘积，估算出污染源在局部区域内排放"我"的总量。这个方法可以让人类掌握局部地区内哪个污染源排放"我"的量更多，每个污染源到底排出多少"我"，可以识别到底哪些污染源是"我"的主要排放源。

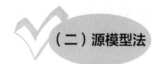

（二）源模型法

源模型法是从污染源出发，运用数学模型进行模拟计算的方法估算出不同地区、不同类别污染源排放"我"的相对贡献大小。模型中一般需要输入各种污染源排放"我"的源强资料，还需要气象资料和复杂的大气化学过程。

（三）受体模型法

受体模型法是从受体角度出发，根据"我"的颗粒物家族的化学、物理、生物等信息估算各类污染源对"我"这个受体的贡献，如燃煤、汽车尾气、扬尘等各个来源排放出来的粒子在大气中经历了混合、积聚和大气化学等过程后形成了"我"这个受体。于是，人类就通过分析"我"，利用受体模型计算出燃煤、汽车尾气、扬尘等各个来源对"我"的相对贡献率。这个方法主要包括普遍使用的化学质量平衡（chemical mass balance, CMB）模型和受体成分谱的统计模型。

（四）源模型和受体模型联用法

源模型和受体模型联用法是联合应用两种模型，使解析结果更符合客观实际，更合理。

在上述四种方法中，人类通过受体模型法对"我"进行的研究最多，中国有关源解析文献及报告中近一半均使用的基于源和受体成分谱的 CMB 模型。因为与扩散模型相比，受体模型无须追踪"我"的传输过程，也不依赖排放源的排放条件、地形和气象数据等，可以极大简化研究过程；与源模型法相比，受体模型法不必调查各种污染源的排放因子和活动水平，可以直接对环境大气进行测定，成本上也比较经济。

另外，科学家们很聪明，因为他们善于利用示踪物来对"我"进行跟踪分析，如果"我"是通过扬尘发展而来的，那么"我"的组分里肯定会同时有 Si、Al、Ca、Mg、Ti 等；如果"我"是由二次无机盐"孕育"的，那么"我"自身肯定是 SO_4^{2-}、NO_3^-、铵根离子的集合体。这其实是一种很简单的因果分析思路，由于"我"的来源不同，决定了"我"的组分的差异。尽管这些具有代表性的示踪物也会不可避免地存在一些误差，但要摸清"我"的老底并采取相应的措施，已经足够了。

2013 年，中国发布了《大气颗粒物来源解析技术指南（试行）》。它明确指出"制定环境空气质量达标规划和重污染天气应急方案，要以颗粒物来源解析结果为依据"，说明了开展源解析工作的意义重大。同时，它对不同情境下开展颗粒物源解析工作提出了建议及要求：解析常态污染下颗粒物的来源，为制定长期颗粒物污染防治方案提供支撑，建议使用受体模型；$PM_{2.5}$ 污染突出的城市或区域，建议受体模型和源模型联用；解析重污染天气下颗粒物污染的来源，为颗粒物重污染应急响应决策提供支撑，建议受体模型和源模型联用；同时基于在线高时间分辨率的监测和模拟技术，开展快速源识别。

如果您还想深入了解《大气颗粒物来源解析技术指南（试行）》的有关内容，可以扫描右方的二维码哦！

三、"我"在典型地区的主要来源及成长特点

到目前为止，人类通过来源解析发现"我"的主要来源包括扬尘源、农业源、溶剂源、道路机动车源、工艺过程源、生物质燃烧源、固定燃烧源及非道路移动源等（图 2.2）。

SO₂ NOₓ PM₁₀ PM₂.₅ VOCs NH₃

图 2.2 "我"的主要来源

不过，在四个季节或一天之内的不同时刻，"我"的状态都有明显差异，人类把"我"的这种差异性称为"时间性差异"；"我"在不同区域也会有地域上的差异，人类称为"空间性差异"。这两种差异可以统称为"时空差异"。因此，研究者对"我"在各个地区的身世都开展了深入细致的研究，分析"我"这种差异性，为精确减少"我"、控制"我"提供帮助。下面以中国几大霾区为例，一起来看看"我"的身世和成长特点有多大差异吧。

京津冀地区是中国对"我"的研究开展最多、投入最大的区域。很多研究者陆续发表了众多文献告知大家找到了"我"的主要来源，掌握了"我"喜欢光临这个区域的原因。例如国家大气污染防治攻关联合中心发布的数据显示，京津冀地区燃煤源、移动源、工业源、扬尘源四大来源占比高达 90% 左右（图 2.3）。也就是说，如何让这四大来源减排，是减少"我"的核心和关键所在。

移动源

燃煤源

工业源

扬尘源

图 2.3　京津冀地区大气污染的的四大来源

2019 年 7 月，国家大气污染防治攻关联合中心表示，已经基本确认了京津冀地区大气污染的"病根"，也就是说他们清楚了"我"的主要来源和影响"我"的主要因素。清楚"我"在这个区域的来源后，人们就知道了这个区域产生"我"的内因是什么，

病根 1：从宏观层面来看，京津冀及周边地区秋冬季在西风－季风与"背风坡"地形的相互作用下，"弱风区"特征明显；与此同时，区域内污染物排放强度较大，高出全国平均水平的 3~5 倍。

病根 2：从中观层面来看，当地积累、区域传输和二次转化的综合作用，导致秋冬季 $PM_{2.5}$ 的爆发式增长：由于污染物排放强度大，一旦出现不利气象条件，首先形成本地积累型污染；高浓度污染气团向下风向输送，导致下风向城市出现区域传输型污染；SO_2、NO_x 等气态污染物反应形成 SO_4^{2-}、NO_3^- 等组分，并吸湿增长，形成二次转化型污染。这里需要特别指出的是，以上 3 种机制在不同城市、不同过程的影响不同，因此，重污染治理需要"因地制宜"。

病根 3：从微观层面来看，高排放条件下不利气象条件容易触发重污染。对重污染过程的统计分析表明，不利气象条件包括：近地面风速小于 2 米／秒、相对湿度大于 60%、近地面逆温、混合层高度低于 500 米。同时，京津冀地区及周边区域传输明显，统计显示，京津冀地区及周边各城市受区域传输影响，全年平均贡献为 20%~30%；重污染期间区域传输影响总体提升 15%~20%，北京最高可达 60%~70%。

对于从源头来对付"我"就非常有用了。简单来说，空气污染的"病根"是排放，天气是诱因，复杂的颗粒物二次转化是催化剂。因此，人类认定日常减排是治本之策，可通过调整结构、总量减排、强化应急、促进联动等手段对付"我"。

北京是中国的首都，也是京津冀地区的核心城市。下面以北京为例，看看"我"是如何成长的。从"我"的核心成员——$PM_{2.5}$ 在北京大气中的年变化趋势来看，2008~2015 年北京中心城区"我"的浓度都处于非常高的水平（平均质量浓度为每立方米 95.4 微克），是标准限值（每立方米 35 微克）的 2.7 倍。以 2009 年为基准，"我"在中心城区的质量浓度变化的总体趋势是递减

的，也就是说，空气质量保持平稳或改善的趋势，但年均改善幅度只有 2.9%（赵妤希 等，2016），所以"我"还可以在北京好好生活几年。

　　"我"在北京茁壮成长的主要来源有 6 个：二次生成源、燃煤源、扬尘源、机动车排放源、工业源和建筑尘源（图 2.4，图 2.5），对 $PM_{2.5}$ 的年均贡献率分别为 41%、18%、19%、10%、6% 和 4%。在春季，由于大风天气频繁，扬尘源为主要来源；而夏、秋、冬季均以二次生成源为主，尤其是夏季二次生成源贡献 56%，所以冬季燃煤是一件令"我"十分开心的事，对"我"的成长有显著促进作用（王琴 等，2015）。

其他

前体污染物：一次源
二氧化硫：SO_2
氮氧化物：NO_x
氨气：NH_3
挥发性有机物：VOCs

多种物理化学过程

光化学反应

二次生成源

二次污染
硫酸盐：SO_4^{2-}
硝酸盐：NO_3^-
铵盐：NH_4^+
其他二次气溶胶

图 2.4　二次污染物形成示意图

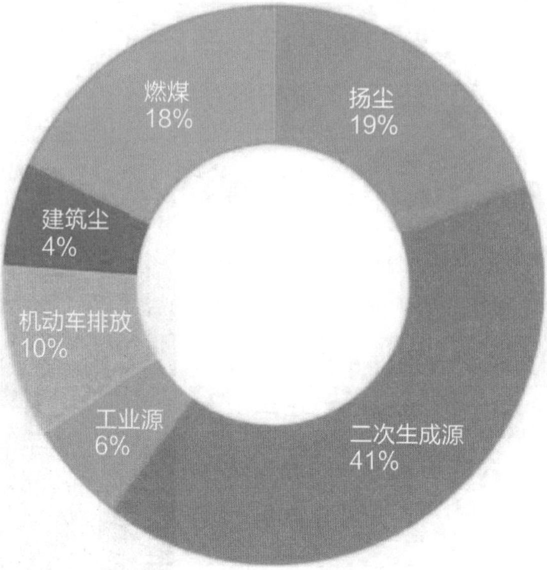

图 2.5 北京市大气 $PM_{2.5}$ 的主要来源

（二）成都市

四川盆地的地理环境与气象条件十分独特。人为活动加上自然因素共同作用，"我"在这里生活得很舒服，主要得益于以下 5 个方面。

（1）工业污染排放量大。成都平原经济圈及川南、川东等地区工业企业众多，城市功能混杂，各类污染物来源多、排放量大。

（2）机动车排放量大。作为特大型中心城市，成都市以机动车为代表的移动源排放量持续上升，成都市私家车拥有量连续多年排名全国前三；NO_x 排放量占全市排放总量的一半以上。燃油品质较低，车油标准不同步，"黄标车"治理、淘汰难度大。

（3）扬尘、涂料溶剂、油烟和秸秆焚烧污染较严重。扬尘是地表松散物质在自然力或人力作用下进入环境空气中形成的大气颗粒物，主要包括土壤风沙尘、道路扬尘、建筑水泥尘等。扬尘源对PM_{10}有较大贡献，但是对$PM_{2.5}$贡献不大，对人体健康的负面影响比燃烧源相对较小。

(4) **燃煤污染排放量大**。燃煤源包括工业燃煤、电厂燃煤和生活燃煤等直接排放的煤烟尘以及产生的气态污染物转化而成的二次颗粒物，但工业燃煤占比较大。据统计，2012 年成都市煤炭消费量为 895.19 万吨标准煤，燃煤占全部能源消费的比例仍高达 25% 以上。燃煤是成都市大气污染的重要来源：贡献了大气中约 90%（质量分数）的 SO_2、约 40%（质量分数）的 NO_x，对 $PM_{2.5}$ 的综合贡献率超过 35%（包括一次排放和由其排放的气态物质 SO_2、NO_x 的二次转化）。

(5) **特殊地理气象条件**。成都地处四川盆地腹心区域，风速小、云雾多、湿度大，特别是秋冬季节降雨大幅减少，近地面逆温频率上升，空气环境承载能力下降，容易诱发"我"的出现。

从成都市 2009 ~ 2010 年各个季节的大气 $PM_{2.5}$ 源解析结果来看，土壤尘及扬尘源，生物质燃烧源，机动车源和二次硝酸盐、SO_4^{2-} 对"我"的贡献率分别为 14.3%、28%、24% 和 31.3%。生物质燃烧源贡献率在四个季节均维持在较高水平，土壤尘及扬尘源的贡献率在春季显著提高，机动车源的贡献率在夏季表现突出，而二次硝酸盐、SO_4^{2-} 的贡献率在秋冬季则最为显著（张智胜 等，2013）。

根据近年来成都市大气颗粒物综合来源的解析结果可知，成都市大气中的 $PM_{2.5}$ 的最大贡献源是移动生活源，占 27.9%；其次是燃煤生活源，占 25.1%；扬尘生活源占 20.8%；居民生活源，包括餐饮油烟、日常溶剂使用等占 7.3%；工业生活源占 6.0%；其他源，如农业源、生物质燃烧源等，占 12.9%。而对于 PM_{10}，扬尘生活源是最大贡献源，占 25.4%；其次是移动生活源，占 24.7%；燃煤生活源占 23.3%；居民生活源占 5.8%；工业生活源占 5.3%；其他源占 15.5%（图 2.6）（图片来源：http://www.sohu.com/a/121358569_456185）。

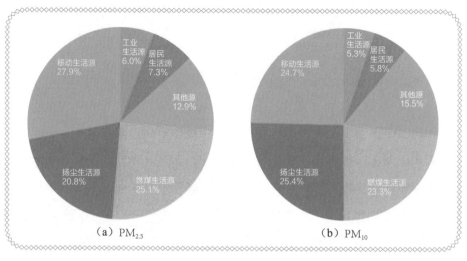

图 2.6 成都市大气颗粒物的来源

从空间区域分布来看，"我"在成都主城区的浓度空间变化特征整体表现为由西北向东南逐渐减小的趋势，但"我"在成都市 7 个监测站点的年均浓度均大于二级浓度年均限值（每立方米 35 微克）。其中，金泉两河"我"的浓度（每立方米 75.55 微克）最高，而沙河铺、三瓦窑、君平街和大石西路的浓度相对较低，浓度范围为每立方米 58.67 ~ 60.97 微克。"我"的浓度差异跟城市功能区的分布显著相关（肖雪 等，2018）。

（三）上海市

"我"在上海市的成长主要以二次生成为主，硫酸盐和有机气溶胶对能见度影响较大。从全年来看，本地排放源是"我"在上海市的主要来源，约占64%~84%，区域传输源仅为16%~36%；重污染期间则易出现本地累积和区域输送的叠加现象，区域传输占比最高可达50%以上。对于$PM_{2.5}$在本地排放源中，移动源、工业源、燃煤源和扬尘源为主要来源，分别占29%、29%、14%、13%，而农业面源、居民生活源及自然源等其他源仅占15%，如图2.7所示。

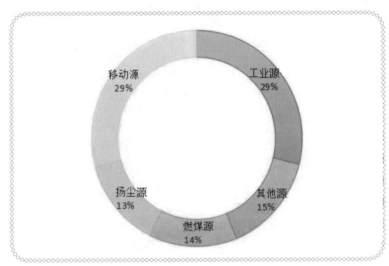

图2.7 上海市大气$PM_{2.5}$的来源
资源来源：中国环境报

从一年四季的变化看，"我"的质量浓度也表现为冬 > 春 > 秋 > 夏。冬季温度低，机动车驱动所需时间加长，排放的"我"质量浓度增加；相对湿度大，空气中的气态污染物转化为固态污染物发生二次污染。另外，冬季上海市盛行偏西风，在风向作用下，外地污染物发生区域传输引起上海市冬季"我"的污染加重。

从一天24小时的变化来看，"我"的浓度变化呈现出双峰型，高峰值出现在上午5点和下午2点左右，在下午6点左右出现全天的最低值。

从区域变化来看，"我"在上海市区的浓度比周边区域更高，这与市区巨大的车流量和人流量息息相关。在秋冬季节，上海受西北方向冷空气南下带来的内陆污染气团影响，上海由西向东空气中"我"的浓度逐渐降低；而在夏季，上海受东南方向吹来的海上清洁空气影响，有利于"我"的扩散，导致由东向西"我"的浓度逐渐升高。

（四）广州市

　　"我"在广州市的来源占比最大的是燃煤源，约占 20%；其次是机动车尾气源，约占 16%；生物质燃烧源和农业面源占比相当，均为 10%；自然源、船舶排放源、工业工艺源、扬尘源、生活面源、其他源分别占 9%、9%、8%、8%、6% 和 4%（图 2.8）。

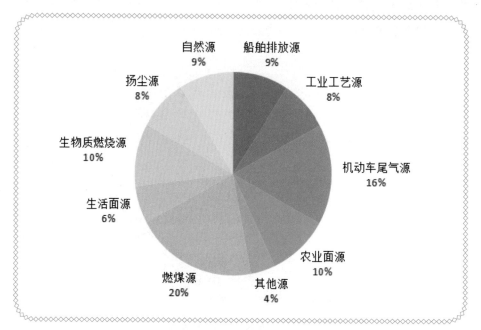

图 2.8　广州市大气 $PM_{2.5}$ 的来源

资源来源：南方都市报

　　同样地，在广州市的不同区域，"我"的来源构成也有差异，其中城区的机动车尾气源、工业工艺源和生活面源的占比高于郊区，生物质燃烧源和扬尘源对广州北部区域影响较大，燃煤源和船舶排放源对广州南部区域影响较大。"我"在广州市负载的小伙伴们的化学成分复杂，主要由 VOCs、SO_2、NO_x 和 NH_3 等气体前体物质二次转化形成；化学组分中有机质的质量浓度占比最大，占 $PM_{2.5}$ 总质量浓度的 37%，有机质、SO_4^{2-}、NO_3^-、NH_4^+ 质量浓度共占 $PM_{2.5}$ 总质量浓度的 71.5%。

总之，"我"在不同地方、不同季节、同一天的不同时间、同一个城市不同的地区都有不同的来源，不同的气象条件和地形等因素对"我"的成长影响也很大。要想把"我"了解透彻，人类还需要好好琢磨琢磨。

四、"我"的小伙伴的主要来源

除了对"我"的颗粒物兄弟姐妹进行来源解析，人类还对我们负载的各类无机、有机化合物特别是有毒有害的物质进行了来源解析。主要方法有分子标志物法、比值法、轮廓图法、正矩阵因子分解（positive matrix factorization，PMF）法、主成分分析（principal component analysis，PCA）法、同位素示踪法等。

"我"负载的重金属小伙伴是大家关注的。重金属的源解析方法主要有聚类分析（cluster analysis，CA）、化学质量平衡（chemical mass balance，CMB）、富集因子法（enrichment factor，EF）、因子分析（factor analysis，FA）、多元线性回归（multiple linear regression，MLR）分析等，其中最常用的是富集因子法。它是用富集因子表示重金属元素在大气颗粒物中被富集的程度，可以判别其是人为来源还是自然来源，一般将富集因子大于 10 的元素判定是人为来源。研究表明，Al、Ca、Fe、Mg、K、Na、Mn、Sr、Ti 等主要来源是地壳源，P、Cu、Cr 等受到地壳源和人为源的共同影响，而 Zn、S、Pb、As 和 Cd 等主要来自人为源。Ca、Cr、Co、Ni、Cu、Zn、Br、Pb 等元素的富集因子在较多城市存在较高值，受人类活动的影响较大，Ni、Pb 主要来源于汽车尾气，Cr、Co、Cu、Zn 主要来源于工业生产过程。

"我"负载的部分有机化合物其实可能对人类的危害更大，如多环芳烃（PAHs），它是致癌性很强的一类有机化合物。人类开展了对它的来源研究，发现它主要是由煤、石油、木材、烟草等不完全燃烧或有机高分子化合物热解产生的，特别容易富集在细颗粒物上。在不同城市或地区，PAHs 的来源差异也挺大。"我"在成都市冬季住宅区时，小伙伴——PAHs 的主要来源依次是汽油燃烧源（54.1%）、柴油燃烧源（31.2%）、煤和木材燃烧源（14.7%）（陈刚 等，2015）。当北京市空气质量为优和良时，"我"

身上的 PAHs 主要来源于石油和液态化石燃料的燃烧；而空气质量为重度和严重污染的情况下，PAHs 的来源除了液态化石燃料燃烧，还有木材和煤炭燃烧（张秀川 等，2019）。

再以我另外一个小伙伴——左旋葡聚糖为例（图 2.9），人类在某个地区的大气颗粒物中一旦分析出有左旋葡聚糖这样一种物质，而且伴随有较高含量的钾元素时，他们就可据此判断此时的颗粒物有秸秆焚烧来源。换句话说，左旋葡聚糖和较高含量的钾元素可以作为秸秆焚烧来源的指示物，即分子标志物或示踪物。通过这些示踪物，人们可以追踪它们的特定来源。

图 2.9　左旋葡聚糖示踪物

第三节 "我"去向何处

一般来说，"我"会有 3 个去向：水平方向、垂直向上和垂直向下，如图2.10所示。尽管有时在一个地方住习惯了不想走，但温度、风向、风力等条件具备时，"我"也不得不离开。"我"水平移动的方式有两种，一是"集体"移动，漂移到另一区域，导致该地区出现雾霾现象；二是逐渐扩散，分散到更广阔的天空里，"我"的密度逐渐变小，大家就逐渐看不到"我"了。很多人说要除我，只能"等风来"。即使这种说法是片面和不对的，但是从另外一个方面看，它非常形象地描述了大风对"我"的迁移扩散的效果是多么显著。

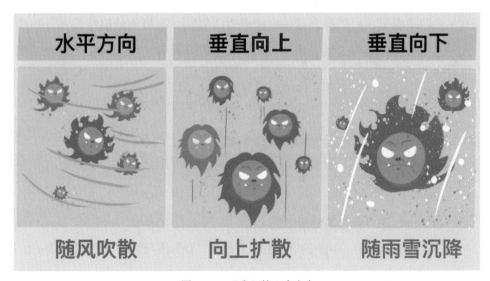

图 2.10 "我"的 3 个方向

风让"我"在水平方向上可以非常剧烈地运动，但"我"可不是只能在水平方向运动，"我"在垂直方向上的运动也很厉害。此时，天气条件对"我"的影响也非常明显。例如，人类最希望看到的"我"的归宿就是垂直向下迁移，最终落到大地上。然而，"我"的身体十分轻盈，很难像"我"的哥哥姐姐们那样靠自己的重量自然"干沉降"到地面上，"我"可以较长时间漂浮在大气中持续对人类造成困扰。要想让"我"沉降到地面上，常常需要借助雨、雪的外力，如下雨时"我"就被雨水带到地面上。因此，人类把"我"被雨、雪带落到地面的过程称为"湿沉降"。此时，"我"沉降到土壤和江河湖泊里，重新回归大地的怀抱，不再对人类造成困扰。

除此之外，如果大气中有垂直向上的气流，"我"还会向更高处移动。至于"我"是否会消散开来，还要看是否有足够强的上升运动，让"我"飘得足够高。

总之，"我"在大气中是可以在多个方向运动的，"我"到底要去哪里，主要是看风、大气稳定度等气象条件。其实，与其到处追逐"我"的踪迹，穷尽各种办法与"我"战斗，人类不如好好思考如何从源头上阻止"我"的产生。

第四节 对"我"的初步探究

一、对"我"的分级预警

人类认识到"我"的危害后，开始对"我"进行预警，预警信号分为三级，分别以黄色、橙色、红色表示（图 2-11～ 图 2-13 ）。

（一）黄色预警信号

未来 24 小时内可能出现下列情况之一：
①能见度小于 3000 米且相对湿度小于 80%
的霾；②能见度小于 3000 米且相对湿度大于

图 2.11 黄色预警信号

等于 80%，PM$_{2.5}$ 浓度大于每立方米 115 微克且小于或等于每立方米 150 微克；③能见度小于 5000 米，PM$_{2.5}$ 浓度大于每立方米 150 微克且小于或等于每立方米 250 微克。

图 2.12　橙色预警信号

（二）橙色预警信号

未来 24 小时内可能出现下列情况之一：①能见度小于 2000 米且相对湿度小于 80% 的霾；②能见度小于 2000 米且相对湿度大于或等于 80%，PM$_{2.5}$ 浓度大于每立方米 150 微克且小于或等于每立方米 250 微克；③能见度小于 5000 米，PM$_{2.5}$ 浓度大于每立方米 250 微克且小于或等于每立方米 500 微克。

（三）红色预警信号

未来 24 小时内可能出现下列情况之一：①能见度小于 1000 米且相对湿度小于 80% 的霾；②能见度小于 1000 米且相对湿度大于或等于 80%，PM$_{2.5}$ 浓度大于每立方米 250 微克且小于或等于每立方米 500 微克；③能见度小于 5000 米，PM$_{2.5}$ 浓度大于每立方米 500 微克。

图 2.13　红色预警信号

当某个地区拉响了对"我"的警报时，当地的应急预案随之启动，人类与"我"的战斗也就全面升级。

二、"我"的诱因

"我"在中国有很强的区域性，但近年来，"我"在中国造成污染的区域，已从珠三角地区、长三角地区、京津冀地区和四川盆地，向中国中西部的城市广泛蔓延。因此，研究人员想尽一切办法试图找到"我"的诱因，以便"对症下药"来治理我。他们用一句话来概括"我"的诱因：气象是外因，具有不可控性；污染是内因，与人为活动密切相关，是人为可控的（图2.14）。

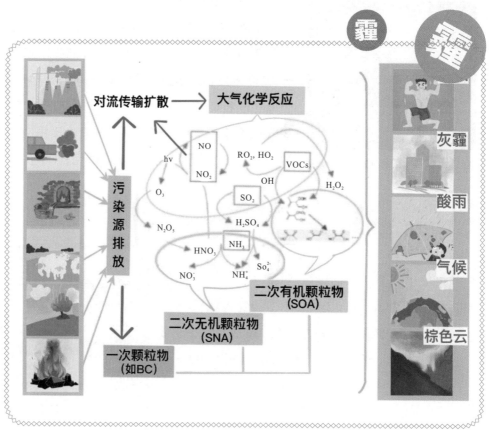

图 2.14　"我"的因与果关系

（一）气象条件是外因

从气象条件看，"我"通常发生在小风、逆温等稳定的气象条件下，因为这样的气象条件对"我"颗粒物兄弟姐妹的生成、转化和累积十分有利。好的气象条件可将我们吹散，污染物浓度降低；坏的气象条件却促进"我"

的生成，起到"助纣为虐"的作用。如果排放量保持在高位上，那么天气稍微不好"我"就出现了。

2016年12月，京津冀地区发生了一次重污染过程，北京市、天津市、河北省（除张家口、承德和秦皇岛）都发布了重污染红色预警。本次重污染过程中各地市PM$_{2.5}$平均浓度均超过每立方米200微克，小时均值峰值为每立方米834.5微克。此次重污染期间的气象条件非常不利于污染物扩散，低压控制与气团传输加剧了污染过程。各地平均本地贡献率为47.1%。仅从气象条件变化来讲，原因可具体归纳为3点。

(1) **南风增多。** 2016年秋冬季华北地区整体显示出南风异常，南风与过去30年的平均值相比增多了。

(2) **风速降低。** 更加重要的一点是，无论南风还是北风，其强度都减弱了。显而易见，风速减弱将会导致大气经常出现非常稳定的状态，这无疑将增加"我"产生的概率。在小尺度上，风速变小产生的小风正是"促进污染物化学反应的'搅拌棒'"。也就是说，原来都是刮大风，刮大风可使污染物消散；现在则是刮1米/秒以下的小风，小风就像搅拌棒一样，使污染物充分混聚在一起，助推污染升级反应，形成更加严重的污染。

(3) **温度与湿度增加。** 2016年秋冬，无论温度还是湿度都是历史上非常高的时期。温度高、湿度大，使颗粒物更容易在空气中长大，发生化学反应，从而造成霾污染爆发式增长；另外，湿度本身就是影响能见度的重要因子之一。

气象条件影响"我"的程度到底有多大呢？根据污染物源解析结果表明，虽然污染物比例在变化，且整个污染物的排放量是减少的，但由于不利的气象条件，使得污染下降那部分的效果被抵消了30%~40%。

（二）各种污染是内因

(1) 源头污染物排放。气象条件这个外因对"我"的影响如此之大，人们对内因的探究则更深入细致。仍以 2016 年 12 月华北 24 个城市遭受的严重污染为例，研究者发现这次事件是在华北南部这一区域开始发生的，而这一区域的排放量目前在全国来讲也是最大的。这一初始污染团形成后，逐渐向北、向南扩展，向南一直到整个长江三角洲，向北就是华北，华北与长江三角洲连起来后，包括华东、华中这一带，半个中国就连成一片而被"我"笼罩了。具体来讲，初始污染团的范围是：从北京往南，从郑州往北，从山东济南往西，从山西太原往东。这一区域污染最为严重，根据源解析结果发现，这一区域的燃煤量也是最大的，同时钢铁产量最大，水泥产量最大，平板玻璃产量最大。受污染的这一大片区域，除了北京以机动车排放为主，河北和天津都是以燃煤工业排放为主。而在燃煤工业里面，钢铁生产企业是第一大户，接下来是水泥和平板玻璃制造企业（王跃思，2017）。简而言之，源排放最多的地区最容易产生"我"。

(2) 区域土壤、水源污染。从学者和普通公众观察到的现象来看，"我"在中国"发火"时的特点与在欧美国家时不一样。"我""发火"时的强度从宏观上看与大气污染物排放强度呈反向变化趋势：夜间，运行中的汽车大幅减少、工厂停产、工地停工、发电厂负荷下降，大气污染排放强度降低，"我"的强度不降低反而显著增强；早上，生产生活恢复正常，污染排放强度提高，"我"的强度却呈稳定或下降趋势。这不是偶然现象，而是一般性规律。另外，中国近年来广泛推广燃煤机组烟气超低排放技术，提高天然气使用比例，但"我"并没有减少，反而排放频率越来越高、强度也越来越大。"我"在中国节能减排趋势中"逆势增长"，这也与欧美国家不一样。于是，有学者提出"我"在中国的形成机制既具普遍性，又具特殊性。

普遍性是传统土壤尘、燃煤、生物质燃烧、汽车尾气与垃圾焚烧、工业污染和二次无机气溶胶为凝结核有助于生成"我"；特殊性是"我"在中国形成速度和扩散速度快、凝结核体积（直径）呈跳跃式和突发性增长，均与区域微生物种群及土壤、水源严重的面源污染密切相关。因此，学者们认为中国工业化进程中工业等污染和广大农村的土壤、水源严重污染的叠加效应，是"我"在中国形成的特殊机制（来源：中国新闻网）。

（三）其他原因

"我"的产生还与其他因素有关。研究者分析了中国城市扩张以及城市空间特征变化对"我"的影响。他们基于 2000~2015 年城市分类数据发现，中国城市扩张（人口、经济和地域面积扩张）以及城市空间特征（人口密度、城市空间紧凑度、不透水覆盖率、植被覆盖率和夜间灯光指数）变化与"我"家族中的灵魂人物 $PM_{2.5}$ 浓度显著相关，相关强度顺序为夜间灯光指数 > 城市空间紧凑度 > 人口密度 > 不透水覆盖率 > 城市地域扩张 ≥ 城市人口扩张 > 植被覆盖率。经济发展对 $PM_{2.5}$ 的影响最大，2000~2010 年，城市空间特征变化对 $PM_{2.5}$ 浓度变化贡献率为 39.3%，城市空间特征异质性的贡献率分别为 14.9%。2010~2015 年，城市扩张、城市空间特征变化、城市空间特征异质性变化对 $PM_{2.5}$ 浓度变化总贡献率为 80.3%（王桂林 等，2019）。

三、如何分析"我"

"我"在各个地区的来源不同，"我"的化学组成也不同，不同化学组成的"我"对气候、人体健康和大气能见度的影响也明显不同。因此，对"我"进行成分分析，了解"我"的内部和表面的化学组成非常重要。

（一）成分分析

"我"的成分非常复杂，主要成分包括水溶性无机组分 [二次无机气溶胶（SO_4^{2-}、NO_3^-、NH_4^+），Na^+，Mg_2^+，Ca_2^+，Cl^- 等]、无机元素组分（Cu、Fe、Mn、Zn、Pb、Na、Mg、Al、Si、P、Ca、Ni 等多种金属及非金属元素）和碳质组分（有机碳和元素碳）（杨凌霄，2008）。

如表 2.1 所示，水溶性无机离子是大气颗粒物的重要组成部分，对颗粒物的酸碱性、光学性质及吸湿性质有重大影响。在水溶性无机组分中占比最高的是二次无机气溶胶，它主要来自气 – 粒转化过程，气态前体物质分别是 SO_2、NO_2 和 NH_3。研究发现霾期间 SO_2 和 NO_2 的二次转化速率明显增大，二次无机气溶胶浓度升高，在颗粒物中的占比明显增大。对 2008 年广州典型霾天气进行分析，发现颗粒物中主要无机离子占比由清洁天的 17.27% 上升至 34.64%，二次组分（二次有机碳和二次无机气溶胶）占比由清洁天的 45% 上升至 69%（徐政 等，2011）。

表 2.1　颗粒物的基本组成及其来源

类别	成分	主要来源
水溶性无机离子	NH_4^+	由工业、农业、畜牧业排放的 NH_3 转化而来
	K^+	生物质燃烧、土壤
	NO_3^-/SO_4^{2-}	工业、机动车排放
	Cl^-	焚烧、海水
无机元素	Al/Fe/Ca/Si/Ti	土壤
	Si/S/V	石油燃烧
	Cu/Zn	工业排放
	Pb/As/Hg	机动车排放
含碳物质	EC/OC	机动车排放、生物质燃烧、燃煤

无机元素主要指矿质组分和痕量元素，矿质组分主要是含有 Si、Al、Fe、Ca、Ti 和 Zn 等元素的地壳物质，痕量元素包含 As、Cr、Pb、V、Ni、Co 等。研究表明，大约 75%~90% 的重金属元素分布在 PM_{10} 中，并且颗粒物越小，越易富集重金属元素。

霾颗粒物中含碳物质主要分为有机碳（OC）和元素碳（EC），是大气颗粒物的重要组成部分，占有相当大的比例，且同二次无机气溶胶有较强的大气消光能力。OC 是由上百种的有机化合物组成，包括由化石燃料燃烧排放源直接排放的一次有机碳（primary organic carbon，POC）和通过光化学反应等途径经过化学转化生成的二次有机碳（secondary organic carbon，SOC）。EC 则指大气颗粒物中以单质状态存在的那部分碳，是生物质或化石燃料不完全燃烧的产物，性质稳定，在大气中不易发生化学转化，常用来评价颗粒物的一次来源。EC 的含量常被用来衡量机动车尾气污染。OC/EC 常用于表征大气中的二次污染的程度。

人类是如何知道"我"的成分的呢？除了常规的化学分析，更需要仪器分析方法，甚至是高精尖的分析仪器（图 2.15）。

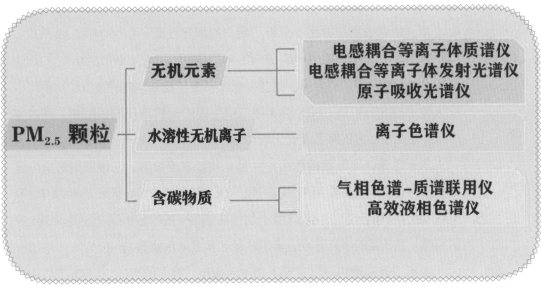

图 2.15　PM$_{2.5}$颗粒的成分分析技术

1. 离线仪器分析

离线仪器分析主要有光谱法、色谱法、碳质成分分析法等。常见的分析仪器如分光光度计、原子吸收光谱仪、原子荧光光谱仪、等离子体原子发射光谱仪、粒子诱导 X 射线发射谱仪等，都可用于分析"我"身体中的 Na、Mg、Al、Pb、Zn、Ca、Cd、Cr 等数十种元素。例如当"我"在沿海城市出现时，这些仪器会测出"我"含有比较高的 Na、Mg 等元素，因为海盐对"我"的贡献比较大。

离子色谱仪则主要用于分析"我"的水溶性离子小伙伴们，如 SO_4^{2-}、NO_3^-、Cl^-、F^-、NO_2^- 等阴离子和 Na^+、Mg^{2+}、Al^{3+}、Pb^{2+}、Zn^{2+}、Ca^{2+}、Cd^{2+}、NH_4^+ 等阳离子的含量。这些小伙伴们在"我"体内的浓度和比例可以让人类了解 SO_4^{2-}、O_3^-、NH_4^+ 这 3 种二次生成的无机离子的贡献率，颗粒物中水溶性离子组分的来源及变化规律等。

气相色谱、高效液相色谱、色谱－质谱联用技术、二级质谱等这些比较先进的分析仪器主要用来分析"我"身上负载的含量比较低的半挥发性及不挥发的有机组分小伙伴。这些小伙伴往往是一般的分析测试仪器测不出来的物质，如痕量的多环芳烃、多氯联苯、多溴联苯醚等。

还有很多仪器也可以实现人类深入探析"我"的目的，如 OC/EC 大气气溶胶碳质组分在线分析仪专门用于测定大气颗粒物中的 OC 和 EC，黑碳仪可用于测定"我"含有的对大气消光性贡献最大的黑碳的含量。当一个城市的黑碳含量越高时，这个城市的天空越灰暗，同时也反映出这个城市燃煤等一次污染源排放对"我"的贡献率。

2. 在线分析

　　除了把"我"的颗粒物兄弟姐妹们采样带回实验室进行组分分析，人类还使用了很多在线观测仪器，也就是说他们不用在实验室做实验就可以直接从仪器上读出"我"的各项数据来分析"我"的各类组分。在一些自动监测站、研究所和高校顶楼的实验室就安装了各类在线分析仪器，可以直接对"我"进行深入分析。图2.16是某研究所楼顶及顶楼实验室安装的部分气象及大气颗粒物分析检测仪器。

（a）太阳辐射监测仪

（b）大气颗粒物采样及分析仪器

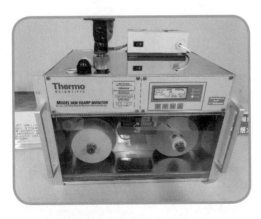

（c）实验室内大气颗粒物分析测试仪器

（d）$PM_{2.5}$ 在线监测仪

（e）PM$_1$ 在线监测仪

（f）便携式气相色谱－质谱联用仪

（g）SO$_2$、O$_3$、CO 在线分析仪

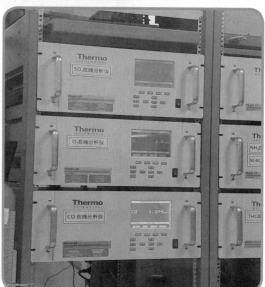

图 2.16　某研究所楼顶及顶楼实验室安装的部分气象及大气颗粒物分析检测仪器

（二）区域联合观测

大气是连通的，整个地球只有一个大气。在经济发达、人口集中的城市群地区的大气污染并不局限于某个城市内部，大气污染的区域性污染特征逐渐显著。例如 2013 年 12 月，"我"在中国的侵扰导致采用"京津冀地区""长三角地区"这样的区域定位已经不够用了，"我"还把山东、河南连成了一片。根据北京市环保局 2014 年公布的监测分析结果，北京有约 1/3 的 $PM_{2.5}$ 并不是本地源产生的，而是其他地区传输而来。因此，人类认识到要想有效消灭"我"，仅仅依靠个别城市单打独斗、各自为政的环境管理模式已难以应对跨区域大气污染问题，必须开展多地区的联合观测，且联手对"我"进行防控才行。

早在 20 世纪 70 年代，世界气象组织（world meteorological organization，WMO）就建设了背景大气本底污染监测网（BAPMoN），对温室气体、反应性气体、气溶胶、降水化学等进行观测。随着全球变化问题的日益突出，WMO 又于 1989 年开始组建全球大气观测（global atmosphere watch，GAW）网，在全球范围内开展大气本底化学成分观测。经过数十年发展，GAW 网已成为当前全球最大、功能最全的国际性大气成分监测网络，可对具有重要气候、环境、生态意义的大气成分进行长期、系统和精确的综合观测。目前已有 60 个国家近四百多个本底监测站加入 GAW 网，开展了大气中温室气体、气溶胶、臭氧、反应性微量气体、干–湿沉降化学、太阳辐射、持久性有机污染物和重金属、稳定和放射性同位素等的长期监测，共涉及两百多种观测要素。

1998 年，美国环保署（United States Environmental Protection Agency，USEPA）提出了颗粒物"超级站项目"。该项目主要用于研究颗粒物的化学特性，包括不同地区颗粒物的化学组成、前体物质、复合污染物及其在大气中的迁移转化规律和来源等，这些信息对于促进大气模型的研究以及管理者关于暴露风险评价政策的制订等都有重要的意义。其次，超级站的设立还能很好地为 $PM_{2.5}$ 的人体暴露和健康效应提供信息，并且能解答如排放源、环境空气中颗粒物的浓度、人体暴露以及健康效应之间的关系等问题。美国建成的 NCore 监测网和 IMPROVE 霾超级站网就是这个项目应用的典型案例。美国还建立了 5 种主要类型的空气污染物测量监测站或网络，包括国家和地区空气监测站、$PM_{2.5}$ 化学形态网络、光化学污染评估监测站、国家空气有毒有害物趋势监测站和国家核心监测网络。此外，美国、欧洲和加拿大等分别建立了大气能见度保护联合会、环境监测与评价项目、加拿大大气与降水监测网观测网络，关注如温室气体气溶胶和臭氧等大气成分的变化。

中国在大气本底化学成分变化观测研究方面的起步晚于西方发达国家。20 世纪 80 年代起，中国建立了中国大气本底观测网，其观测站包括青藏高原瓦里关山观测站、东北长白山观测站、华北兴隆观测站、华南鼎湖山观测站和西南贡嘎山观测站；同时，中国气象局建立了东北龙凤山、浙江临安和北京上甸子观测站。两个观测网均将瓦里关山观测站作为全球内陆大气本底基准观测站，其余站点作为区域大气本底观测站。2002 年 9 月，中国科学院知识创新工程启动了"中国科学院野外台站网建设项目"。"大气本底观测网建设项目"作为其中的子项目之一，确立了长白山、兴隆、鼎湖山、贡嘎山、卓康区域大气本底观测站的建设，采用国际通用的高精度大气本底观测仪器。另外，中国还建立了一些综合观测网或超级观测站，如京津冀地区及周边区域大气污染综合立体观测网、江苏区域大气超级站网，广东大气超级站、上海超级站以及珠江三角洲大气超级监测站等。中国气象部门目前建立的大气成分观测网络就包括 28 个大气成分观测站以及近三百个 $PM_{2.5}$ 观测站。这些自动观测站和联合观测网络是人类的"眼睛"，它们全年无休，每时每刻地观察着"我"，给人类提供了非常丰富的信息来对付"我"，让"我"无处遁形。

在各地联合观测"我"的基础上，人类推进了对"我"的预测预报工作。以中国为例，在"十二五"科技支撑计划支持下，中国建立了一系列雾－霾预报预警模式，2013 年开始推广到京津冀及周边地区，已获得 100% 的区域重污染过程预报准确率、75% 以上区域内城市预报准确率。中国气象科学研究院与国家气象中心联合开发了国家级雾－霾数值预报业务系统，形成的 2.0 版本实现了分辨率从 54 公里提升到 15 公里，可以进行 10 千米以下能见度 TS 评分，空气质量指数（air quality index，AQI）分级预报中对二级空气质量预报的 24 小时 TS 评分等方面的预报质量较老版本均有所提高。

有了这些预测预报系统后，普通市民是否能及时接收到对"我"的预测信息呢？答案是肯定的。例如 2016 年 12 月 16 日，北京市发布空气重污染红色预警，北京市预警中心向 3500 万市民发送空气污染预警短信。

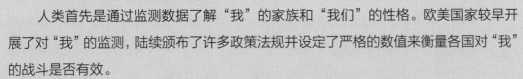

四、如何监测"我"

（一）推行大气监测政策法规

人类首先是通过监测数据了解"我"的家族和"我们"的性格。欧美国家较早开展了对"我"的监测，陆续颁布了许多政策法规并设定了严格的数值来衡量各国对"我"的战斗是否有效。

USEPA 在 1997 年 7 月率先提出将 $PM_{2.5}$ 作为全国环境空气质量标准，并在 2006 年对标准进行了完善，于当年获得了有效的监测数据。2009 年开始，USEPA 采用自动监测仪器并开展大气污染观测超级站计划。

欧盟于 1984 年建立了远程大气污染输送监测和评估合作计划。

日本环境省于 2000 年初步制定了相关 $PM_{2.5}$ 自动监测规范，2009 年正式公布关于 $PM_{2.5}$ 的环境标准。

中国在 2012 年发布的《环境空气质量标准》（GB 3095—2012）中首次增加了 $PM_{2.5}$ 的浓度限值，并通过制定系列法律法规来展示中国人民想全面监测、了解"我"的决心。

2014 年，国务院办公厅发布《大气污染防治行动计划实施情况考核办法（试行）》，高度重视大气质量监测体系和监测质量控制建设；同年，环境保护部（现生态环境部）发布《国家重点监控企业自行监测及信息公开办法（试行）》，明确将大气污染物排放监测列入国家重点监控企业自行监测范围，且每月至少开展一次颗粒物监测。

2015 年，国务院办公厅发布《生态环境监测网络建设方案》，明确要求建设全国环境质量监测网络；环境保护部发布《关于推进环境监测服务社会化的指导意见》，开始推进第三方环境监测，全面开放环境监测服务市场，标志着中国环境监测开始步入市场化阶段。

2015 年，全国人民代表大会常务委员会修订了《中华人民共和国环境保护法》，在环境监测方面规定统一规划国家环境质量监测站（点）的设置，建立监测数据共享机制，加强对环境监测的管理。同年8月，全国人民代表大会常务委员会最新修订了《中华人民共和国大气污染防治法》，进一步强化了环境监测尤其是大气污染监测的重要性。

近年来，为了适应空气复合型污染的现状，加强对"我"的防治，中国的环境保护主管部门较频繁地更新或制定了更严格的环境标准和污染物排放标准，并制定了监测规范（表2.2），如《火电厂大气污染物排放标准》（GB 13223—2011）、《环境空气质量标准》（GB 3095—2012）、《钢铁烧结、球团工业大气污染物排放标准》（GB 28662—2012）、《炼钢工业大气污染物排放标准》（GB 28664—2012）、《炼焦化学工业污染物排放标准》（GB 6171—2012代替GB 16171—1996）、《水泥工业大气污染物排放标准》（GB 4915—2013）、《水泥窑协同处置固体废物污染控制标准》（GB 30485—2013）以及《铅、锌工业污染物排放标准》（GB 25466—2010）等8项有色金属行业排放标准等，对重污染行业空气污染物排放设置了更为严格的排放控制标准，并针对机动车的不同类型制定了对应的排放指标。

表 2.2 部分新监测规范

标准号	标准名称	主要内容
HJ 194–2017 代替 HJ/T194–2005	《环境空气质量手工监测技术规范》	规定了环境空气质量手工监测的点位布设、采样时间和频率、样品的采集、运输和保存、监测分析方法、数据处理、质量保证和质量控制等技术要求
HJ 817–2018 部分代替 HJ/T 193–2005	《环境空气颗粒物（PM_{10} 和 $PM_{2.5}$）连续自动监测系统运行和质控技术规范》	规定了环境空气颗粒物（PM_{10} 和 $PM_{2.5}$）连续自动监测系统的构成、日常运行维护要求，质量保证和质量控制以及数据有效性判断等技术要求
HJ 818–2018 部分代替 HJ/T 193–2005	《环境空气气态污染物（SO_2、NO_2、O_3、CO）连续自动监测系统运行和质控技术规范》	规定了环境空气气态污染物（SO_2、NO_2、O_3、CO）连续自动监测系统的构成与要求、日常运行维护要求、质量保证和质量控制以及数据有效性判断等技术要求
HJ 75–2017 代替 HJ/T 75–2007	《固定污染源烟气（SO_2、NO_x、颗粒物）排放连续监测技术规范》	规定了固定污染源烟气（SO_2、NO_x、颗粒物）排放连续监测系统的组成和功能、技术性能、监测站房、安装、技术指标调试检测、技术验收、日常运行管理、日常运行质量保证以及数据审核和处理的有关要求
HJ 1008–2018	《卫星遥感秸秆焚烧监测技术规范》	规定了秸秆焚烧卫星遥感监测的方法、产品制作、质量控制等内容
HJ 905–2017	《恶臭污染环境监测技术规范》	为贯彻《中华人民共和国环境保护法》和《中华人民共和国大气污染防治法》，加强空气污染防治，保护和改善生态环境，保障人体健康，规范恶臭污染监测，制定本标准
HJ 949–2018	《民用建筑环境空气颗粒物 ($PM_{2.5}$) 渗透系数调查技术规范》	规定了民用建筑环境空气颗粒物（$PM_{2.5}$）渗透系数调查的工作程序、调查内容、调查方法和技术要求

各项法律法规及相关政策的颁布均彰显着人类消灭"我"的决心。

（二）建立监测体系

人类为了监测"我"、探析"我"，建立了从地到天的大气环境监测体系。中国更是设置了国家级、省级、市级、县级 4 个层级的数千个监测站点，建成了环境空气质量监测网，实现了从分散封闭到集成联动、从现状监测到预测预警的转变（图 2.17）。

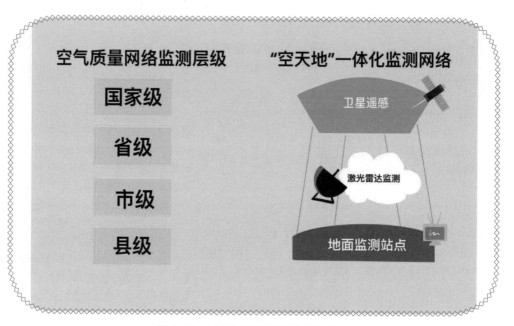

图 2.17　中国的空气质量环境监测体系

中国最初的环境监测网络为手工监测，起始于 20 世纪 80 年代，直到 2000 年开始被自动检测逐步取代。目前中国的国家级监测站点有 1497 个，每小时更新的数据是 10479 个。即使是 2012 年新加入《环境空气质量标准》（GB 3095—2012）的指标——$PM_{2.5}$ 的监测网目前也已建成。

中国科学研究院建立了京津冀地区"空天地"一体化的立体观测体系，自主开发了大气霾预报预警模式，并有力支撑了亚太经济合作组织会议，纪念抗战胜利 70 周年大阅兵和 G20 峰会等重大活动以及重污染应急的空气质量保障工作。

中国气象局建立了常规雾霾天气网络化监测体系，主要包括对能见度、相对湿度、雾霾天气现象等的观测，作为气象部门基本观测预报服务的重要内容之一。

　　各省市环境保护部门、环境监测站、气象局都通过电视、媒体、网络等各种官方渠道向普通民众公布对"我"的相关监测数据。在他们面前，"我"已经不再神秘了。

　　就成都市而言，成都市环境空气质量自动监测网络始建于 1985 年，经过三十多年的发展建设，现有环境空气质量自动监测评价站点四十多个，其中国家级监测站点 8 个（含灵岩山对照点）、省级监测站点 15 个、市级监测站点 17 个，监测指标包括 SO_2、NO_2、CO、O_3、PM_{10} 和 $PM_{2.5}$ 等 6 项指标及气象参数等。另外还有一个大气复合污染综合观测站（超级站）。现阶段超级站初步具备了大气污染化学成分自动在线监测、大气颗粒物（气溶胶）物理性质分析、大气光学特征研究、污染成因分析、源解析、环境空气质量监测技术研究等多功能于一体的综合观测分析能力。

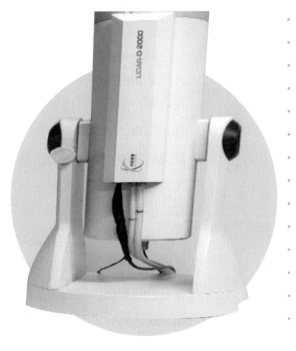

　　在整个监测体系中，最值得单独介绍的就是大气监测超级站。从定义来说，大气监测超级站是安装有众多大气监测设备的综合性监测站点。20 世纪 70 年代开始在美国、欧洲和中国台湾、中国香港地区陆续建成了一批大气监测超级站。直到 2012 年，中国大陆的首个大气监测超级站——广东鹤山站开始运行。到 2017 年，中国已有七十多个大气监测超级站，其数量为全球最多。

　　大气监测超级站为啥厉害呢？因为它们功能强大，对空气监测、重污染预报和预防等都有很好的作用。人类根据对大气监测超级站不同的功能定位，将其分为科学研究型和功能加强型两种。我们来看看这两类超级站到底有多厉害。

　　科学研究型的大气监测超级站以多污染物监测为主要手段，通过理化、光学、气象、卫星等多种监测仪器和手段，综合分析常规和非常规污染物、二次污染物及前驱物的浓度和变化趋势，对城市或区域复合污染开展深入研究，分析大气污染成因和机理，从而服务于大气科学研究，如中国科学院遥感所和中国环境科学院建设的超级站。

功能加强型大气监测超级站一般在城市或区域站对 SO_2、NO_2、CO、O_3、$PM_{2.5}$、PM_{10} 常规 6 个参数监测的基础上，根据本地环境管理需要，结合当地的地形地貌、气象条件、污染源类型等条件，新增对城市或省级区域传输特征监测和重点特征污染物的监测（图 2.18，图 2.19），尤其是加强对光化学污染指标的监测，如上海、湖北等地建设的部分大气监测超级站。

当然，这两种类型的大气监测超级站的划分并不是绝对的，功能加强型大气超级站可以承担科研任务，科学研究型大气监测超级站的监测数据目前也可用于对"我"的预报。

这么厉害的大气监测超级站，是不是哪里都应该多建设呢？不是！因为大气监测超级站投入较大，相当于一个独立的实验室。除了选址要科学、建设应具有前瞻性，还需要专业的技术队伍维护和分析，后期维护消耗很大、费用挺高。如果建设太多，必然会带来运行维护跟不上或大量监测数据不能转化成实际监测成果的结果，既造成资源的浪费，又使建设单位背上沉重的工作包袱。因此，每建一个大气监测超级站都要慎重决策，确保建成后能发挥预期作用。

这么厉害的大气监测超级站对于中国的大气环境监测体系简直是如虎添翼。不过，中国人可不满足于现状，他们仍然在努力完善整个监测体系。公开资料表明，中国在"十三五"期间对多个空气质量监测国家级监测站点进一步优化，更能客观反映空气质量情况；建设了一些空气背景站点、空气区域站点、颗粒物组分站和光化学监测站点，通过大气监测超级站的建设更优化空气质量站点布设，更好发挥作用（科技世界网 http://www.twwtn.com/detail_231978.htm）。中国的大气环境质量监测网络及能力发展趋势如表 2.3 所示。

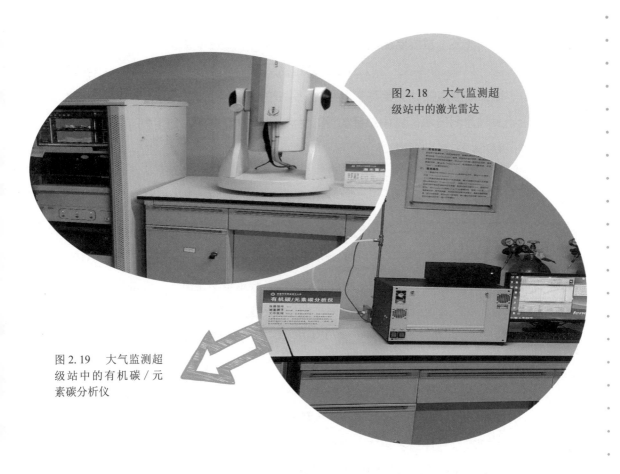

图 2.18 大气监测超级站中的激光雷达

图 2.19 大气监测超级站中的有机碳／元素碳分析仪

表 2.3 大气环境质量监测网络及能力发展趋势

治理重点	前景
臭氧监测和环境空气 PM 试点监测	计划在京津冀地区及周边地区、长三角地区、珠三角地区等 7 个地区的 78 个地级以上城市开展臭氧监测，在北京、上海、广州、武汉、重庆、兰州 6 个城市组织开展环境空气 PM 试点监测，臭氧监测及 PM 技术需求突显
城市大气组分网和光化学网监测能力建设	为加快推进"2 + 26"城市大气组分网和光化学网监测能力建设，将依托现有的城市大气监测超级站和区域站，以污染较重区域和污染物传输通道为重点，组建国家大气颗粒物化学组分和臭氧光化学监测网，大气源解析产品将进入国家监测站点，为分析颗粒物与光化学复合污染成因及治理提供科学支持
空气质量网格化监测网络	微型空气站将得到大量推广和应用，形成覆盖整个城市的空气质量网格化监测网络，实现网格化预警预测、污染源清单核查、单点污染源控制，为区域空气质量治理带来新的决策依据

（三）发展监测技术

目前，人类对"我"开展全方位监测的技术手段主要包括人工手动监测、地面站点监控、卫星高空遥感监测、飞机空中巡航等。中国近年来着重发展大气监测技术，其中单项监测技术取得了重要突破，如发展了$PM_{2.5}$、O_3 和 VOCs 等在线监测技术。

1. 人工手动监测

以 $PM_{2.5}$ 的监测分析技术为例，目前国内外 $PM_{2.5}$ 监测采用的方法主要有重量法、微量振荡天平（tapered element oscillating microbalance，TEOM）法、β 射线法等。其中，人工手动监测技术——重量法是 $PM_{2.5}$ 的国家标准分析方法。该方法很简单，即通过采样器以恒定速度抽取一定量体积空气，将空气中的 $PM_{2.5}$ 截留在滤膜上，再用天平进行滤膜称重得到采样前后其质量变化，结合采样空气体积，计算出 $PM_{2.5}$ 的浓度。

该法对 $PM_{2.5}$ 的截留效率高，测定结果准确，被认为是最直接、最可靠的测试方法，并作为验证其他测量方法的结果是否准确的参比。图 2.20 为中流量大气采样器采集大气 $PM_{2.5}$ 样品，通过采样前后滤膜对比图（图 2.21）可以发现，纯白色的滤膜采集了 23 个小时颗粒物后已经变成了黑色。对于大流量大气采样器也是一样（图 2.22），滤膜采集大气颗粒物样品后会从白色变为灰色或黑色，颗粒物浓度越高，颜色越深（图 2.23）。

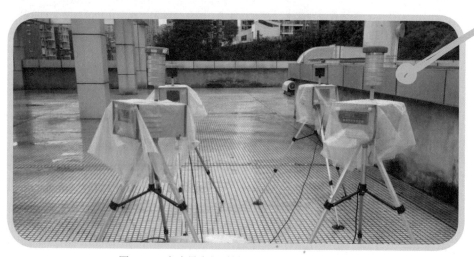

图 2.20 中流量大气采样器采集大气 $PM_{2.5}$ 样品

图2.21　中流量大气采样器采集大气
PM$_{2.5}$样品前（白色）后（黑色）

图2.22　大流量大气采样器

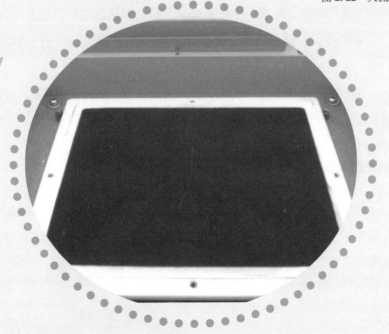

图2.23　大流量大气采样器采集大气颗粒物后白色膜变为黑色膜

2. 地面站点监控

地面站点监控是人类想连续获得"我"的数据，故采用仪器在线自动监测"我"。主要技术有压电晶体频差法、光散射法、β射线法、微量振荡天平法等。中国对这些方法技术均进行了发展。想了解各方法的定义和原理以及各方法的差异，请扫描右方的二维码。

3. 卫星高空遥感监测

人类对于"我"的监测不仅仅局限于地面。地面监测无法获得大面积连续的 $PM_{2.5}$ 数据，卫星高空遥感监测技术则可以弥补此缺陷，它具有空间覆盖范围大、不同尺度采集数据和受限制条件少等优势，常用于监测大范围的 $PM_{2.5}$ 时空分布。因此在地面监测技术发展起来之后，人类很快就想到利用卫星遥感手段来对"我"进行全局的监测。

人类使用的卫星系统中包括光学卫星、偏振卫星和星载主动激光雷达。

光学卫星主要是通过光学成像技术对地面空气进行扫描拍照，现在高空中有几十颗光学卫星正在从事北京地区的空气监测工作。

偏振卫星主要是通过收集光线的震动方向，进而分析"我"的颗粒大小、浓度等方面数据，非常直观。

4. 其他监测技术

除此之外，还有先进的 3D 激光雷达（图 2.24），大气霾"三维"监测网等。人们常常结合手工采样站、自动监测站、激光雷达站、航空平台等技术来认真探析"我"，为精准治霾提供科学支持。

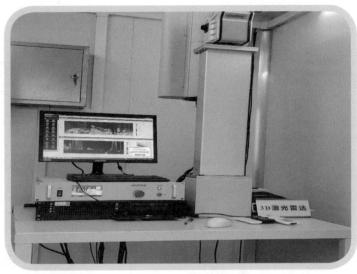

图 2.24　3D 激光雷达

　　从人类对"我"的监测手段和技术看，"我"深深地感受到人类社会经济、科技和环保意识迅速发展，"我"到处逍遥的日子也快到头了。

五、如何解读"我"

　　随着监测网络的全面建成，人类能够非常容易获得"我"的实时监测数据。全国、各城市环境监测网站都可以查到有关"我"的数据，手机上可以安装查询"我"的数值的 App（图 2.25）， $PM_{2.5}$ 等各项污染物的浓度或空气质量指数一目了然（图 2.26）。在一些网站上也可以搜寻全世界任何一个您想了解的城市的大气空气质量，如 http://aqicn.org （图 2.27）。如果要获得更多的相关历史数据，则可以利用官方权威发布的数据库或者数据产品，如地面 $PM_{2.5}$、PM_{10} 等监测数据均可在中国环境监测总站的官方数据库"全国城市空气质量实时发布平台"（http://106.37.208.233:20035/）获得。美国航空航天局（National Aeronautics and Space Administration, NASA）发布的 MODIS 气溶胶产品，它可提供全球各地区每日卫星过境时刻反演所得到的气溶胶光学厚度，其空间分辨率为 10 千米，已成为全球悬浮颗粒物浓度估算中应用最为广泛的气溶胶光学厚度产品。

图 2.25　可查询"我"的数值的 App

图 2.26　空气质量指数（AQI）

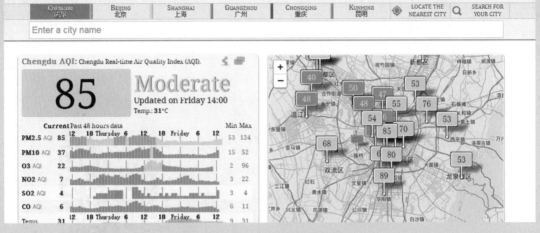

图 2.27　http://aqicn.org 网站截图

　　这么多来源的数据，该如何解读呢？我们以最常用的空气质量指数（AQI）为例。

　　大家发现没有？ AQI 给出的数值并不是 $PM_{2.5}$ 等污染物的真实浓度数值。它是为了便于大家直观了解空气质量，把每种污染物浓度数值按照各自的浓度标准计算出来的一个无量纲的空气质量分指数值（individual air quality index，IAQI），当日最大 IAQI 作为当日 AQI。注意一下，当日 AQI 不是取各污染物的平均分指数，而是最大分指数值，其目的是突出污染。

　　多数城市在秋冬季都是以 $PM_{2.5}$ 或 PM_{10} 为首要污染物。当它们的质量浓度越高时，其 IAQI 也就越大，当日的 AQI 也随之越大。但是，夏季则多是以臭氧为首要污染物，AQI 就变成臭氧浓度换算成的分指数值代表当日的 AQI，而不是浓度较低的 $PM_{2.5}$ 或 PM_{10} 对应的 IAQI。如果想了解到底是怎么从 $PM_{2.5}$ 等污染物的浓度值计算出 AQI，请扫描右边的二维码吧。

另外，大家如果想了解全国各城市的$PM_{2.5}$排名，可以关注一些官方网站，如 http://www.tianqihoubao.com 等。也可以参考绿色和平组织近年来发布的各年度中国城市$PM_{2.5}$浓度排名，如 2018 年 1 月 10 日该组织发布了《2017 年中国 365 个城市 $PM_{2.5}$ 浓度排名》。另外，中国生态环境部每年均会权威发布年度中国生态环境状况公报，如从《2017 中国生态环境状况公报》中可找到2017 年 74 个城市环境空气质量综合指数及主要污染物列表。

如果你还想深入了解大气颗粒物来源解析技术，可以扫描右方的二维码哦！

第三章　人类与霾的较量

第一节　国外对付"我"的经验

一、英国

1952年伦敦烟雾事件后，英国政府开始了"重典治霾"的举措（表3.1）。

表3.1　英国主要治霾政策与措施

年份	政策法规	部门	核心相关内容
1956	《清洁空气法案》	比佛委员会	指定无烟区域，禁止在无烟区域排放任何烟尘；严禁居民和工厂排放黑烟；要求提高烟囱高度以减少低空雾霾；防止煤烟
1974	《污染控制法》	英国政府	规定其行政区和市中心商业区不得使用硫含量超过1%的燃料油，全面系统地规定了对空气、土地、河流、湖泊、海洋等方面的保护
1990	《环境保护法》	英国政府	制定了78个行业标准，均是由政府和行业共同商讨制定，进行成本和污染的平衡，选定最适用技术在各行业推行
1995	《环境法》	英国政府	将对地方空气质量的管理纳入法律，且要求制定一个治理污染的全国战略
2001	《空气质量战略草案》	伦敦市政府	大力扶持公共交通，并定下了到2010年把市中心的交通流量减少10%~15%的目标。伦敦还鼓励居民购买排气量小的汽车，推广高效、清洁的汽车技术和使用天然气、电力等低污染汽车
2008	《气候变化法案》	英国政府	规定了"碳排量"和"碳预算"，设立了具体负责研究控制碳排量目标的法定机构——气候变化委员会，和其他控制能源的具体措施

1953年英国政府成立了比佛委员会，专门调查烟雾事件的成因并制订应对方案，于1956年制定了《清洁空气法》，提出禁止黑烟排放、升高烟囱高度、建立无烟区等

措施，并在控制机动车数量、调整能源结构等方面做出了很多努力。

7 年后，伦敦空气中 SO_2 含量和黑烟浓度分别下降 20.9%、43.6%，取得了初步成效。与此同时，汽车行业的大发展使得汽车尾气成为空气污染的主要成因。

英国政府 1974 年出台的《污染控制法》，规定机动车燃料的组成，并限制机动车油品中硫的含量并设定了最高限值，取得了一定的成效。

英国不断出台各种法规，如《汽车燃料法》（1981 年）、《空气质量标准》（1989 年）、《环境保护法》（1990 年）、《道路车辆监管法》（1991 年）、《清洁空气法》（1993 年）、《环境法》（1995 年）、《国家空气质量战略》（1997 年）、《大伦敦政府法》（1999 年）、《污染预防和控制法》（1999 年）等。

从英国治理空气污染的历程中可以看到，环境立法在整个治理进程中起到了举足轻重的作用，也是改善空气污染的根本举措。但想要从根本上治理"我"带来的问题，光靠法律是不行的，英国政府还采取了以下几种方式。

☑ 调整能源结构，升级产业结构

1952 年伦敦烟雾事件爆发的一个主要诱因就是煤炭的大量使用，1948 年英国煤炭用量占总体能源消耗量的 90%，其造成空气污染的严重性触目惊心。于是，英国积极推动能源结构的变化，产业逐步升级，大气质量逐渐变好。

1965 年，英国燃料构成中煤炭占比为 27%，电和清洁气体燃料占比为 24.5%，燃料油占比为 43%。

1980 年，英国煤炭仅限于远郊区工厂使用，占比减少到 5%，电和清洁气体燃料提高到 51%，燃料油为 41%。

1998 年，英国煤炭仅占总能源消耗的 17%，而天然气的占比却从 0 上升到了 36%。

2003 年，英国首次正式提出低碳经济概念，将于 2050 年建立低碳社会。

✅ 合理的财税政策

英国非常擅长运用经济手段推行国家政策。在环境污染治理与保护方面，英国政府一直秉持着"谁污染谁治理，谁治理谁出钱"的原则，利用财税杠杆来调整环境治理与经济发展之间的关系。

✅ 设立专职管理机构

在烟雾事件初期，随着《清洁空气法案》的出台，英国政府成立了专门负责空气污染的管理机构——清洁空气委员会，并由住房和地方政府部部长出任主席，总体负责空气污染的改善情况，并监督各项措施的具体落实。

✅ 疏散人口和工业企业

伦敦在 20 世纪 40 年代末建成 8 座新城的基础上，于 60 年代末又兴建了彼得伯勒、米尔顿·凯恩斯、北安普顿等 3 座新城。

一方面，伦敦政府利用税收等经济政策，鼓励市区一些企业迁移到这些人口较少的新发展区；另一方面，各新城对吸引工业企业落户也采取了积极的措施。自 1967 年起，伦敦市区工业用地面积开始减少，至 1974 年市区共迁出 24 万个劳动岗位，以后又迁出 4.2 万个。

在英国强硬的治理措施面前，"我"渐渐感觉到在英国难以逍遥下去，不得不承认，英国政府采取的所有治理措施都严重威胁到"我"的生存。

二、美国

"我"在美国也多次兴风作浪。为了对付"我",美国政府大力提倡环保新技术研发和专利的应用,并制定了一系列的政策和法规(表3.2),让"我"无处可逃。

表 3.2 美国主要治霾政策与措施

时间	政策法规	出台 / 批准部门	相关内容
1955	《空气污染控制法案》	美国联邦政府	首次尝试了从源头上控制空气污染,为空气污染研究提供资金支持,确保美国公共卫生局连续 5 年、每年 500 万的研究经费
1965	《机动车空气污染控制法案》	美国联邦政府	规定涉及州际间空气污染转移问题的执法程序,授权进一步开展研究活动
1967	《空气质量法案》	美国联邦政府	设立国家环境空气质量标准,规定州实施计划必须达到国家空气质量标准的要求,设立新能源性能标准,修改固定污染源标准,设立有害空气污染物国家排放标准,设立了机动车排放要求
1970	《清洁空气法案》	美国联邦政府	授权开展国家层面的与空气污染相关的环境问题研究项目;授权开展研发最小化空气污染技术的研究项目
1977	《清洁空气法案修正案》	美国联邦政府	设定了对空气严重恶化的预防方案
1990	《清洁空气法案修正案》	美国联邦政府	授权开展酸雨沉降控制项目,开展一个防治189种有毒污染物的项目,设立许可审批程序规则,进一步修正和增补了国家环境空气质量标准,扩大了执法机关阵容,设立逐步淘汰危害臭氧层的化学品使用的项目

美国加利福尼亚州前空气管理局局长金·兰特斯说洛杉矶的空气污染治理经历了 3 个阶段。

第一个阶段：探索阶段。美国在见识了"我"的"火爆脾气"后逐渐意识到空气污染是致命性的，是一个严重的公共卫生问题，于是他们开始控制空气污染的来源。

第二个阶段：美国联邦政府最终决定采取行动，在 1970 年通过了国家的《清洁空气法案》，并成立美国环境保护署，作为负责整个国家空气管理的专门机构。

第三个阶段：本地责任阶段。1987 年，加利福尼亚州通过了自己的清洁空气法案，比联邦的清洁空气法案更加严格。在法案中，他们将年度减排目标设定为很难达到的 8%。对于汽车的减排标准，他们设定的不是联邦规定的 90%，而是减排 99%，并在 20 世纪 80 年代开始探讨要求加利福尼亚州的汽车实现零排放。

近年来，美国治理雾霾的重点是限制机动车及电厂排污。美国环境保护署针对发电站、汽车等微小颗粒物排放源发布了规范和指导，其中包括对公共汽车和轻型卡车使用清洁能源，减少排放；对柴油发动机执行多层次的废气排放标准，要求发动机生产商制造符合先进排放控制标准的产品，从而使废气排放减少 90% 以上；美国公民可以对 $PM_{2.5}$ 的标准监控程序进行监督，根据公布的全年监测统计和日常监测数据，参与所在州的环保机构举行的公共听证会。

1999 年，美国洛杉矶一级污染警报的天数从 1977 年的 121 天下降为零。做客洛杉矶道奇球场的客队球员也不再需要依靠氧气罐完成比赛。"我"也不再留恋美国了。

三、日本

第二次世界大战后，随着日本经济强劲复苏，日本重新成为工业大国，汽车也迅速普及，大气污染等问题随之而来。

那时，日本民众也曾像今天的中国人一样，戴上口罩"等风来"。但略有不同的是，当时日本有不少市民团体积极行动起来，拿起法律武器，对政府和污染企业提起了诉讼。

事实上，在日本治理"我"的过程中，法律一直扮演着关键角色。1967年，日本东部海湾四日市9名患哮喘病的市民，将石油提炼公司、电力公司等6家企业告上法院，要求公司停止运转并赔偿损失。经历四年多的漫长诉讼，法院最终虽然没有同意原告提出的工厂停止运转的请求，但支持了所有的赔偿请求。

此后，日本国民迅速效仿，多地出现类似诉讼，且大多数获得了赔偿。2007年，1996~2006年东京大气污染公害的633名受害者向日本政府、东京都政府、首都高速道路公团以及丰田汽车等8家汽车公司提起诉讼。东京大气污染诉讼案推动了地方政府对$PM_{2.5}$的立法。这些诉讼案例，也成为推动日本政府进行防治大气污染立法的重要力量。

同时，日本在出台各项治理"我"的政策法规方面下足了功夫（表3.3），如东京有关当局规定新建大楼必须有绿地，必须搞楼顶绿化。2000年12月东京都制定相关条例，规定达不到$PM_{2.5}$排放标准的柴油机汽车禁止在东京都内行驶。2002年12月，首都圈7都县市首脑会议决定加强合作，促使尽快安装减少$PM_{2.5}$排放的过滤器装置，设置了"柴油机汽车对策推进本部"。2004年开始，东京开始使用油电混合动力系统的"生态出租车"。如今，首都圈已经发展为9都县市蓝天网络组织，定期在高速公路入口及休息区进行相关检查。大多数的汽车企业在生产设计柴油机汽车的时候就加装过滤器，越来越多的旧车也开始安装过滤器。

表 3.3　日本主要治霾政策与措施

时间	政策法规	出台 / 批准部门	核心相关内容
1967	《公害对策基本法》	日本政府	①在全世界首次以基本法确立公害防治的具体内容；②明确规定保护国民健康和维护生活环境质量是国家基本责任；③规定内阁总理大臣必须兼任环境保护最高机关——公害对策会议之会长，并直接负责委任其成员；④确立公害防治之中央与地方政府财政援助制度
1969	《公害受害者救济特别措置法》	日本政府	建立了由政府出资与企业自愿捐助的方式对大气污染受害患者支付医疗补助费的制度
1973	《公害健康损害补偿法》	日本政府	明确"预测污染物对居民健康的危害是企业必须高度重视和履行的义务，忽视这些义务等同于过失"，并据此向污染企业强制征收污染费以补偿污染受害患者
1974	《大气污染防治法》	日本政府	对排放总量、总量削减计划（包括总量限制指标和削减措施、期限等）、额度分配等均进行了严格界定，标志着日本对大气污染物排放的监管从浓度控制转向总量控制

　　通过数十年的努力，日本终于在这场持久战中打败了"我"。如今大家再到日本去旅行，无论是春天赏京都的樱花、夏天去北海道避暑，还是秋天看奈良公园的红叶、冬天泡箱根的温泉，都能呼吸到日本清新怡人的好空气。

四、其他国家

只要"我"去旅行过，"刷过存在感"的国家和地区，都与"我"展开了不懈的斗争。

有些手段似乎科学新颖，如墨西哥政府于2011年10月对正在建设的医院外部安装2500平方米的特殊外墙，这种特殊的墙体可以有效清除空气中的多种污染物，任何有机颗粒只要接触到这种墙体表面就会通过化学反应而被分解，这其中的催化剂就是CO_2，这种反应只需日光的照射便可进行，这种技术此前在澳大利亚与迪拜投入应用，预计有望在更多国家得到大规模推广。

而有些手段却有一定的争议，如意大利米兰政府对污染最严重汽车征税，工作日7: 00~19: 00时，污染严重的汽车必须缴纳2~10欧元税才能进入市区。罗马实行"绿色周日"活动，周日只有电动汽车等环保车才能上街行驶。韩国首尔对工厂、学校等诱发人口集中设施的新、扩建项目进行总量控制，并以"限号"和税费的方式来抑制私家车的增长与使用。

有的地区与"我"斗争的成效很好，如作为新兴经济体之一的巴西在20世纪六七十年代，环境也受到过严重的污染和破坏，1985~1994年的治理第1阶段，库巴唐市重点控制主要污染源头企业的"三废"排放，并在1992年获得联合国授予的"全球生态环境治理典范城市"称号。1994年起，库巴唐市将治理重心转移到恢复植被和城市重新规划上，并启动了针对环境事故的应急预案。在二十多年时间里，当地企业共投入10亿美元用于治污。如今，库巴唐工业园区内有54家从事石油化工、冶金和化肥生产的企业，每月的大气颗粒物排放量骤减至300吨，仅为当年全市大气颗粒物排放的1%。

而有的地区与"我"斗争的效果甚微，如伊朗德黑兰政府尝试进行人工降雨或形成人工气流，将笼罩德黑兰的"烟雾"吹散，并推广清洁能源、淘汰老式汽车、提高汽车尾气排放标准等措施，但效果并不明显。

总之，从欧洲到美洲，从非洲到亚洲，每个地区都全力以赴来对付"我"，

让"我"见识了人类的各种手段和措施。经过或长或短的斗争，"我"已经逐渐感到力不从心，无心再天天干扰人类。

第二节 中国应对"我"的策略

NASA 于 2010 年 9 月公布的全球空气质量地图显示，全球 $PM_{2.5}$ 最高的地区在北非和中国的华北、华东、华中地区。从那时候起，中国社会对"我"的关注度集中爆发。公众对"我"带来污染的直观判断与环境监测数据存在较大分歧，倒逼关于监测"我"的政策法规的健全。

此后，从国家到地方，大量关于监测"我"、治理"我"的政策、法规和指导意见频频出台。

国务院办公厅于 2010 年 5 月 11 日转发了环境保护部、国家发展和改革委员会、科学技术部、工业和信息化部、财政部、住房和城乡建设部、交通运输部、商务部、国家能源局《关于推进大气污染联防联控工作改善区域空气质量的指导意见》中明确指出：近年来，一些地区酸雨、霾和光化学烟雾等区域性大气污染问题日益突出，严重威胁群众健康，影响环境安全。该文件从国家层面发布了对"我"的关注度。

2012 年 1 月，中国气象局印发了《关于加强雾霾监测预报服务工作的通知》，对加强监测"我"的预报预警及信息发布工作提出了新的要求。该通知在中国治理"我"的进程中具有里程碑意义，监测能力建设被提升到新的高度。

2013 年 6 月 14 日，国务院召开常务会议，确定了大气污染防治十条措施，包括减少污染物排放；严控高耗能、高污染行业新增耗能；大力推行清洁生产；加快调整能源结构；强化节能环保指标约束；推行激励与约束并举的节能减排新机制，加大排污费征收力度，加大对大气污染防治的信贷支持等。

2013 年 9 月，中国国务院出台《大气污染防治行动计划》（国发〔2013〕37 号），防控"我"成为中国现阶段及较长时间内的一项重要战略任务。该计划宣布中国对 $PM_{2.5}$ 的减排目标是 2017 年 $PM_{2.5}$ 浓度比 2012 年降低 25%，中央政府将投入 2770 亿美元。随后中国从中央到地方对治理"我"的关注度都不断升级。

2014 年，国务院办公厅发布《大气污染防治行动计划实施情况考核办法（试行）》，明确提出要以 $PM_{2.5}$ 和 PM_{10} 年均浓度下降比例作为大气污染防治的考核指标，将重污染天气监测预警应急体系建设和大气环境监测质量管理作为大气污染防治重点任务完成情况的考核内容，将颗粒物监测以考核形式强制纳入治理体系建设中。

2017 年党的十九大报告提出"打赢蓝天保卫战"的战略部署。《打赢蓝天保卫战三年行动计划》明确要求，到 2020 年，中国 SO_2、NO_x 排放总量分别比 2015 年下降 15% 以上，$PM_{2.5}$ 未达标地级及以上城市浓度平均比 2015 年下降 18%，地级及以上城市空气质量优良天数比率达到 80%。党中央、国务院对生态文明建设高度重视，将生态文明建设写进党章，并提升到新的高度。

2018 年《政府工作报告》明确指出要巩固蓝天保卫战成果。

2019 年，党中央、国务院继续高度重视大气污染防治工作，将"打赢蓝天保卫战"作为打好污染防治攻坚战的重中之重。

这些战略与政策都展示出中国政府和人民对付"我"的决心之大、投入之多、战斗力之强。

其实，如何科学减排是各地政府最头疼的事情，然而这却是"重中之重"的工作。因为人类认识到不能总是等"我"产生了，才想办法治理"我"，仅仅着重开展"末端治理"不是最科学有效的方法。从源头减少产生"我"，也就是"源头防控"才是对付"我"的"杀手锏"。于是，政府及科学家们针对重点行业的科学减排及关键污染物的防控出台了很多政策，提出了很多解决办法。

以对"我"贡献很大的 VOCs 为例，它是一类重要的污染物，其组分至少有几千种，排放来源又非常广泛（图 3.1），许多 VOCs 具有易发生化学反应的特性，所以它可以在一定条件下转化成"我"，也可以促成"我"的小伙伴 O_3 的生成。

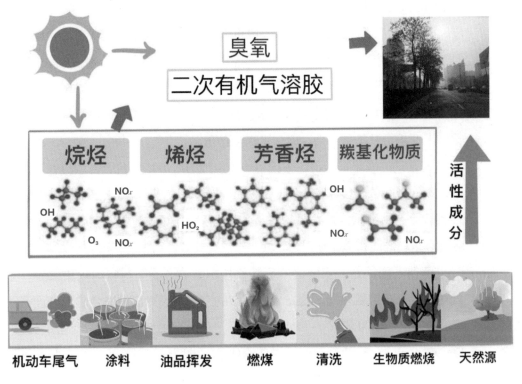

图 3.1　VOCs 排放来源示意图

2019 年 6 月，生态环境部印发《重点行业挥发性有机物综合治理方案》。提出到 2020 年，建立健全 VOCs 污染防治管理体系，重点区域、重点行业 VOCs 治理取得明显成效，完成"十三五"规划确定的 VOCs 排放量下降 10% 的目标任务，协同控制温室气体排放，推动环境空气质量持续改善。具体细则里分别强调了石化行业、化工行业、工业涂装、包装印刷行业、油品储运销、工业园区和产业集群的 VOCs 综合治理。重点控制的 VOCs 物质包括 O_3 前体物质、$PM_{2.5}$ 前体物质、恶臭物质和高毒害物质。由此可见，中国政府为了打击"我"，但凡跟"我"关系密切的小伙伴，都要被"株连"。

从行业看，燃煤、工业炉窑、炼焦等工业排放的大气污染物一直是"我"的重要来源，也是人类面临的"老大难"问题。然而，中国各级政府排除万难，近年来出台了多项政策措施从源头上进行工业减排，这也是控制"我"最重要和最有效的举措之一。

2019年7月，生态环境部等4部门联合印发《工业炉窑大气污染综合治理方案》，对治理这个"老大难"问题提出了新的要求和任务。方案规定到2020年，完善工业炉窑大气污染综合治理管理体系，推进工业炉窑全面达标排放，京津冀地区及周边区域、长三角地区、汾渭平原等大气污染防治重点区域工业炉窑装备和污染治理水平明显提高。

在国家的战略指导下，中国各省市及地方政府均出台了各项具有针对性的政策对"我"步步紧逼。可以说，这些具体措施相当深入细致，从宏观调控到行业控制手段，人类从多角度多元化采取各项措施控制"我"。人类已经能非常精准而有策略地对付"我"，这更让"我"惶惶不可终日。

值得一提的是，多地区的联防联控也是让"我"在各地损失惨重、无处可逃的一项重要举措。西方发达国家的空气污染跨区域联合防治开展得很早，在20世纪70年代，EPA就建立了一系列区域大气污染联合防治管理机制，并完善大气污染联防联控的法律体系。欧盟通过颁布一系列有关大气保护的法律法规和制定排放标准，促进区域联合和控制，例如《关于环境空气质量评估与管理指令》（96/62/EC），其中规定了区域大气中 SO_2、颗粒物、C_6H_6、Pb、As、Hg、Ni 等主要大气污染物的含量。1985年，21个欧盟国家开始实施针对 SO_2 污染的跨国区域联合防治措施，并开始实施针对 SO_2 污染的跨国区域联合防治措施，取得了巨大成功。到1993年，欧盟21个成员国的 SO_2 排放量比20世纪80年代减少了一半以上。欧盟国家在1994年也减少了50%以上的二氧化硫排放量。

在中国，京津冀地区、长三角地区都成立了联防联动的国务院领导机制。2008年，北京的"奥运蓝"是京津冀地区第一次进行大气污染协同治理的成功实践。当时，京津冀地区联合成立了专门的大气质量协调小组，对该地区相关城市的联合治理进行统一的指挥和布局。其主要举措有三点。

（1）将扬尘、机动车尾气、工业污染、燃煤污染等重点污染源和重点污染企业作为区域内重点监督、监控的对象。

（2）对重点排污和高污染的生产企业进行全面检查，并实施统一监管、统一执法。

（3）在环境综合治理方面，统一采取临时性减排和防治措施。这些措施导致北京奥运会举行前后 17 天内，空气质量标准率为 100%，创造了同期的最佳空气质量水平。

2014 年的 APEC(Asia-Pacific Economic Cooperation，亚太经济合作组织）"会议蓝"，是京津冀地区第二次进行大气污染协同治理的成功实践。京津冀地区及周边区域 6 省市成立京津冀地区及周边区域大气污染协作小组，共同制定了会商制度，实施了《京津冀及周边地区 2014 年亚太经济合作组织会议空气质量方案》。主要举措是：APEC 会议的期间，6 省市内环保监测部门每日通过视频互相通报空气质量，实时共享区域内大气环境监测数据。6 省市共同采取了应急的减排措施，包括统一限产或停产；统一的机动车限行或管控政策，机关单位公车封存 70%，城区道路和高速公路全天禁止"黄标车"的通行，市区内机动车单双号限行。结果表明，会议期间北京市 $PM_{2.5}$ 平均浓度为每立方米 37 微克，接近国家一级优的水平（纪凤仪 等，2016）。

此后，京津冀地区又承担了纪念抗日战争胜利七十周年阅兵仪式等多项重大活动的空气质量保障工作。

除京津冀地区，长三角地区、珠三角地区等区域联防联控也取得了优秀的成绩。长三角地区曾从空气质量上联合监测、应急保障、机动车尾气污染控制和高架污染源控制 4 方面制订了大气污染联合防治措施，保证了上海世界博览会、G20 峰会期间的

空气质量。自 2010 年 5 月 1 日上海世界博览会开幕以来，空气优良率达到98.7%，远超经济水平相当的北京地区，SO_2 和 PM_{10} 等空气污染物的控制指标均创十年最佳水平。2010 年初，为了保证广州亚运会期间的环境空气质量，广东省政府制订并实施了《珠三角清洁空气行动计划》。

在重大活动期间，空气质量保障工作的显著成效充分证明了联防联控机制在解决区域性大气污染问题中的必要性和重要性，也见证了中国逐步走向追求环境质量全面达标、跨区域联合管控、多污染物协同治理的重要历程。

第三节 各地区对付"我"的措施

2013 年 9 月 10 日，国务院出台了《大气污染防治行动计划》。此计划一经发布，全国各地方政府积极响应，各地政府也根据所规定的内容因地制宜制订了当地的计划和措施，尤其是中国四大霾区的主要城市纷纷发布了重量级措施来对抗"我"。

北京市发布了《北京市 2013—2017 年清洁空气行动计划》；广州市也发布了《广州市大气污染综合防治工作方案（2014—2016 年）》，部署了十大防治行动、57 项具体措施、8 个方面保障措施和三千多项具体任务，向空气污染"宣战"；上海市人民政府印发《上海市清洁空气行动计划 2013—2017》；成都市为确保完成国务院《大气污染防治行动计划》规定目标任务，提出了"650"工程，即重点开展压减燃煤、控车减油、治污减排、清洁降尘、综合执法、科技治霾六大行动，以及推行有关落实责任、综合保障等 50 条举措。

下面就是各地的主要战斗措施和成效，大家都来了解一下吧。

京津冀地区采取的主要方法是开展大气污染联防联控，信息公开透明，对于"我"的控制已经不再是单独某个地区自己的事情;实施"一票否决制";提高环境准入门槛;切实加强机动车污染防治;健全极端不利气象条件下大气污染监测报告和预警体系。简单来讲就是各个地区降低本地区的空气污染物浓度,这样污染物就不会随气流传输到周边地区。以北京市为例,看看北京市治理"我"采取的主要措施,如表 3.4 所示(来源:2014~2018 年的北京市生态环境状况公报)。

表 3.4　北京市主要治霾措施及成效

年份	采取的措施	目标或成果
2018	以 $PM_{2.5}$ 治理为重点,以精治为手段、共治为基础、法治为保障,聚焦柴油货车、扬尘、VOCs 治理等重点防治领域,坚持工程减排和管理减排并重,强化区域联防联控,着力加强城市精细化管理;完善柴油货车监管闭环管理机制,发布国Ⅲ标准柴油货车全市域限行政策,促进高排放柴油车淘汰更新;报废转出国Ⅲ标准柴油货车 4.7 万辆,累计推广逾 23 万辆新能源汽车,完成 320 座汽油年销量 2000~5000 吨的加油站油气回收在线监控改造;完成 450 个平原村和剩余 8 家燃煤锅炉房的清洁能源改造,平原区基本实现"无煤化";淘汰退出一般制造业和污染企业 656 家,动态清理整治 521 家"散乱污"企业,石化等重点行业实施高压料仓废气深度治理、柴油储罐治理等工程项目及调整退出,减排 VOCs 2100 吨	全市二氧化硫排放量为 0.83 万吨,比上年削减 1.82 万吨,下降 68.7%;氮氧化物排放量为 8.57 万吨,比上年削减 0.94 万吨,下降 9.9%

年份	采取的措施	目标或成果
2017	持续推动能源结构清洁化，完成 901 个村、36.9 万户煤改清洁能源；改造和拆除 1.32 万蒸吨、淘汰 2.7 万余台小煤炉，实现城六区和南部平原地区基本"无煤化"，全市燃煤总量压减到 600 万吨以内，完成燃气锅炉低氮改造 2.3 万蒸吨。全面建成四大热电中心，陕京四线天然气工程建成投运，实现"区区通管道天然气"。聚焦重型柴油车，报废转出老旧机动车 49.6 万辆，使用两年以上的九千余辆出租车全部更换三元催化器，公交、环卫等 8 个行业新增的九千余辆重型柴油车全部安装颗粒捕集器。率先完成普通柴油和车用柴油并轨，全部供应第六阶段车用汽柴油，实施国Ⅰ、国Ⅱ标准轻型汽油车限行、部分高排放载货汽车六环路以内禁行，划定禁止使用高排放非道路移动机械区域。率先完成年销售汽油量大于 5 千吨的加油站在线监控改造。聚焦"散乱污"企业，推动全市产业结构优化升级，淘汰退出不符合首都功能定位一般制造业和污染企业 651 家，分类清理整治"散乱污"企业 6557 家，重点行业减排挥发性有机物 4408 吨。聚焦扬尘污染，全市 1713 个建筑施工工地、155 家混凝土搅拌站安装视频监控系统，关闭 40 家不符合要求的搅拌站，道路清扫保洁"洗、扫、冲、收"新工艺作业覆盖率提高到 88% 以上	全市空气中 $PM_{2.5}$ 年平均浓度值为 58 微克／米^3，比上年下降 20.5%，超过国家标准 0.66 倍；二氧化硫年平均浓度值为 8 微克／米^3，比上年下降 20.0%，达到国家标准；NO_2 年平均浓度值为 46 微克／米^3，比上年下降 4.2%，超过国家标准 0.15 倍；PM_{10} 年平均浓度值为 84 微克／米^3，比上年下降 8.7%，超过国家标准 0.20 倍
2016	深化推进大气污染防治，超额完成全年减排措施任务。全年共完成 8488 蒸吨燃煤锅炉清洁能源改造，663 个村散煤改为清洁能源，朝阳、海淀、丰台、石景山区 4 区城镇地区 7.5 万户居民实现散煤清洁能源替代，全市燃煤总量压减到 1000 万吨以内，提前一年完成国家下达的燃煤消耗总量压减目标；淘汰老旧机动车 44 万辆左右，4.3 万辆出租车更换三元催化器，7600 余辆重型柴油车安装壁流式颗粒捕集器，调整退出不符合首都功能定位的一般制造业与污染企业 335 家；完成 4477 家违法违规排污及生产经营行为企业清理整治；组织实施以氮氧化物和 VOCs 高效治理为重点的第三批"百项"环保技改项目工程；全市 1540 个建筑施工工地安装视频监控系统，关闭 16 家非法新建、资质失效搅拌站；全市道路清扫保洁"吸、扫、冲、收"新工艺作业率已达 87%	全市 SO_2 排放量为 6.02 万吨，比上年削减 1.10 万吨，下降 15.4%；氮氧化物排放量为 12.34 万吨，比上年削减 1.42 万吨，下降 10.3%；全市工业企业挥发性有机物排放量比上年削减 1.37 万吨

年份	采取的措施	目标或成果
2015	全面落实《北京市 2013—2017 年清洁空气行动计划》，超额完成 2015 年减排措施任务。全年共完成近 9 万户平房居民采暖用煤、5900 蒸吨燃煤锅炉的清洁能源改造，基本实现城市核心区（东城、西城）无煤化、城六区无燃煤锅炉。四大燃气热电中心全部建成投运，京能石景山热电厂和国华北京热电厂共 128 万千瓦燃煤机组实现关停。发布实施符合首都功能的产业目录；全年淘汰退出 326 家污染企业，实现 3 年累计淘汰"超千家"；关停 3 家水泥厂。完成 204 家企业的清洁生产审核，集中整治 23 个镇村产业集聚区，滚动实施 260 项环保技改项目工程。淘汰老旧机动车 38.9 万辆左右，实现 3 年累计淘汰"超百万辆"。对全市 8800 余辆国Ⅵ国Ⅴ柴油公交车实施了升级改造，单车减少氮氧化物排放约 60% 左右，在全国率先全面实施重型柴油车第 5 阶段排放标准（北京市地方标准）。修订《绿色施工管理规程》，对 1300 余个规模以上建设工地实施视频扬尘污染监控，对扬尘问题严重的施工单位暂停在京投标资格	全市 SO_2 排放量为 7.12 万吨，比上年削减 0.77 万吨，同比下降 9.80%；氮氧化物排放量为 13.76 万吨，比上年削减 1.34 万吨，同比下降 8.83%；全市工业企业挥发性有机物排放量比上年削减 1.5 万吨
2014	落实《北京市 2013—2017 年清洁空气行动计划》，提前超额完成 2014 年措施任务，累计 6595 蒸吨燃煤锅炉改造使用清洁能源：西北燃气热电中心和东北燃气热电中心，京能项目平房居民采暖实施"煤改电划定高污染燃料禁燃区"，北京经济技术开发区率先建成"无煤区"。城乡接合部和农村地区已累计减煤、换煤 210 万吨。淘汰老旧机动车 47.6 万辆，在全国率先淘汰黄标车；小客车年新增加压缩到 15 万辆，提高电动车比例。发布实施《北京市新培产业的禁止和限制目录》《北京市工业污染行业、生产工艺调整退出及设备淘汰目录（2014 年版）》，退出 392 家污染企业。启动 116 项环保技改项目，燃气电厂全部实现烟气脱硝治理。将扬尘控制作为企业市场准入条件，26 家施工单位因此暂停在京投标；关停退出 25 家无资质的混凝土搅拌站，6800 余辆密闭化渣土车投入使用；道路清扫保洁新工艺作业覆盖率达到 85%	全市 SO_2 排放量为 7.89 万吨，比上年削减 0.81 万吨，同比下降 9.35%。NO_x 排放量为 15.10 万吨，比上年削减 1.54 万吨，同比下降 9.24%。全市工业企业挥发性有机物排放比上年削减 1.6 万吨

二、成渝城市群

　　成渝城市群是全国大气污染防控重点区"三区十群"中面积最大的重点区域。作为全国四个"我"常去光临的地区之一，成渝地区霾天气的研究和防控在 2012 年就已提上日程。

　　2013 年 9 月，《大气污染防治行动计划》公布后，国务院与四川省政府、重庆市政府分别签订目标责任书。连续两年，环保部西南督查中心会同四川省环保厅（现四川省生态环境厅）、重庆市环保局（现重庆市生态环境局）开展成渝城市群大气污染防治综合督查，向 18 个重点市（区）政府通报督查情况，要求整改。

　　2016 年发布的《成渝城市群发展规划》将保护生态环境和夯实产业基础一起，放在了成渝城市群发展支撑的位置。12 月，两地签订《川渝地区大气污染联合防治协议书》。

　　2017 年，四川省人民政府办公厅印发《四川省大气污染防治行动计划实施细则 2017 年度实施计划》。

　　2018 年，国家重点研发计划"成渝地区大气污染联防联控技术与集成示范"项目启动。

　　作为典型内陆城市，成都市下了大功夫来对付"我"（表 3.5）（来源：2013~2017 年的成都市环境质量公报）。

表 3.5　成都市主要治霾措施及成效

年份	采取的措施	目标或成果
2017	严格落实成都"治霾十条"，强化源头、分类、协作治霾，大力实施大气污染防治"650"工程，出台环境空气质量考核激励办法、机动车和非道路移动机桩排气污染防治管理办法，修订重污染天气应急预案，开展夏季 O_3 防控行动和秋冬季大气污染防治攻坚行动，狠抓压减燃煤、控车减油、治污减排、清洁降尘、综合执法、科技治霾，完成 889 台燃煤锅炉淘汰或清洁能源改造，全市 10 蒸吨以下燃煤锅炉和禁燃区（绕城高速以内）燃煤锅炉实现"双清零"，清理整治"散乱污"工业企业 14148 户，全面完成黄标车淘汰任务	2017 年，全市空气优良天数为 235 天，优良天数占比为 64.4%，PM_{10}、$PM_{2.5}$ 平均浓度分别为 88 微克／米^3、56 微克／米^3，同比分别下降 13.7%、10.2%，优良天数和污染物浓度均完成省政府下达的年度目标，并创下 2013 年实行环境空气质量新标准以来的最好成绩，全面完成国家"大气十条"目标任务

年份	采取的措施	目标或成果
2016	出台成都"大气十条"及其年度实施方案，并与各区（县、市）政府签订目标责任书；大力实施"减排、压煤、抑尘、治车、控秸"五大工程	PM_{10}、$PM_{2.5}$ 平均浓度均有所下降
2015	每年安排 5 亿元大气污染防治专项资金，从工业企业污染治理、机动车排气污染防治、能源结构调整、落后产能淘汰、环保准入等方面强力推进大气污染综合治理。中心城区和区（县、市）全部划定高污染燃料禁燃区，全市建成区内共淘汰 10 蒸吨以下燃煤锅炉 121 台；实施重点石化企业挥发性有机物针对性治理；建筑工地试行污染物在线监测，实施裸土覆盖、道路硬化、提档降土、树池覆盖四大工程；全面推行尾气简易工况法检测，建立车用尿素供应体系，启动建设机动车尾气遥感监测系统，累计核发环保标志 205 万个，淘汰黄标车 9.6 万辆；中心城区 1894 家中型以上饮食企业全部安装油烟净化设施	全市 SO_2、NO_x 排放总量较 2010 年分别下降 28.7% 和 21.6%，超额完成"十二五"总量减排目标任务
2014	对 55 户冶金、建材等行业的落后产能进行整体关闭和部分生产工艺设备淘汰，全市 55 家印染纺织企业已关闭 6 户，完成设备拆除实现停产或搬迁 31 户；推进黄标车和老旧车辆淘汰，努力实现大气污染从事后被动治理向科学预测、事前防治转变，完善重污染天气应急机制，深入开展燃煤锅炉污染清理整顿工作和餐饮业油烟污染专项整治工作，建成机动车环保检测站工况法检测改造；设立大气污染防治专项资金，增强大气污染综合治理能力，引导社会资金投入大气污染治理，完成 7 条玻璃生产线烟气脱硝工程、4 家加油站的油气回收系统验收监测工作	节约标煤 18.48 万吨；全年共淘汰黄标车 18994 辆，淘汰老旧车辆 39391 辆；完成大气复合污染综合观测站建设并投入试运行，实行了空气质量预报预警制度
2013	深入贯彻实施"大气十条"，推动全域空气质量新标准监测实施工作；开展源解析工作，优化产业结构，强化工业污染防治；按期执行新车控制标准，实施机动车增量控制；加强区域间联防联控，控制区域复合型大气污染；做好扬尘污染精细化管理，开展挥发性有机物污染防治	—

在取得了较好的成效后，四川省仍然没有放松与"我"的较量。成都市政府网站公布《成都市 2019 年大气污染防治工作行动方案》，要求努力完成四川省人民政府办公厅《关于印发四川省"十三五"环境空气质量和主要大气污染物总量减排指标目标任务分解计划》的通知（川办发〔2017〕18 号）下达的成都市 2019 年空气质量改善目标，确保《四川省蓝天保卫行动方案（2017—2020 年）》（川污防"三大战役"办〔2017〕33 号）各项工作任务落地落实。

该方案部署了压减燃煤行动、治污减排行动、控车减油行动、清洁降尘行动、综合执法行动、科技治霾行动等大气污染防治六大行动，列出了 44 项明确到具体责任单位和完成时限的重点任务，以更严格的标准、治理措施、监管考核推进成都环境空气质量持续改善。

加强科技治霾能力建设中提到的工作措施有：积极开展全市房建、轨道等各类工地多尺度喷淋技术推广应用，有序推进 4 个工地试点工作；试点推进多尺度喷淋系统在砂石场、粉磨站、水泥厂应用；开展公交车室外移动空气质量净化技术专题研究，加快推进公交车室外移动空气净化系统净化效果的科学试验工作及净化技术产品工业化应用试点；针对餐饮企业和家用油烟净化装置收集和净化效率开展专题研究，开展高收集率和净化率设备推广应用试点等。

成都市政府大力推广的这些新思路、新方法和新措施都让"我"感到害怕。

想要了解《成都市 2019 年大气污染防治工作行动方案》具体内容，请扫描右方的二维码。

另外，四川省生态环境厅于 2020 年 3 月印发了关于执行大气污染物特别排放限值的公告。该意见稿要求四川大气污染防治重点区域执行颗粒物、SO_2、NO_x 和挥发性有机物等大气污染物特别排放限值。这样的举措可以看到四川省政府治理"我"的决心。四川省执行大气污染物特别排放限值标准如表 3.6 所示，四川省大气污染防治重点区域划分如表 3.7 所示。

表 3.6　四川省执行大气污染物特别排放限值标准表

序号	标准名称	标准编号	执行行业
1	铁矿采选工业污染物排放标准	GB 28661—2012	钢铁
2	钢铁烧结、球团工业大气污染物排放标准	GB 28662—2012	钢铁
3	炼铁工业大气污染物排放标准	GB 28663—2012	钢铁
4	炼钢工业大气污染物排放标准	GB 28664—2012	钢铁
5	轧钢工业大气污染物排放标准	GB 28665—2012	钢铁
6	铁合金工业污染物排放标准	GB 28666—2012	钢铁
7	炼焦化学工业污染物排放标准	GB 16171—2012	焦化
8	石油炼制工业污染物排放标准	GB 31570—2015	石油化工
9	石油化学工业污染物排放标准	GB 31571—2015	石油化工
10	合成树脂工业污染物排放标准	GB 31572—2015	化工
11	烧碱、聚氯乙烯工业污染物排放标准	GB 15581—2016	化工
12	硝酸工业污染物排放标准	GB 26131—2010	化工
13	硫酸工业污染物排放标准	GB 26132—2010	化工
14	无机化学工业污染物排放标准	GB 31573—2015	化工
15	铝工业污染物排放标准	GB 25465—2010	有色金属
	铝工业污染物排放标准修改单	环境保护部公告 2013 年第 79 号	
16	铅、锌工业污染物排放标准	GB 25466—2010	有色金属
	铅、锌工业污染物排放标准修改单	环境保护部公告 2013 年第 79 号	
17	铜、镍、钴工业污染物排放标准	GB 25467—2010	有色金属
	铜、镍、钴工业污染物排放标准修改单	环境保护部公告 2013 年第 79 号	
18	镁、钛工业污染物排放标准	GB 25468—2010	有色金属
	镁、钛工业污染物排放标准修改单	环境保护部公告 2013 年第 79 号	

序号	标准名称	标准编号	执行行业
19	稀土工业污染物排放标准	GB 26451—2011	有色金属
	稀土工业污染物排放标准修改单	环境保护部公告 2013 年第 79 号	
20	钒工业污染物排放标准	GB 26452—2011	有色金属
	钒工业污染物排放标准修改单	环境保护部公告 2013 年第 79 号	
21	锡、锑、汞工业污染物排放标准	GB 30770—2014	有色金属
22	再生铜、铝、铅、锌工业污染物排放标准	GB 31574—2015	有色金属
23	水泥工业大气污染物排放标准	GB 4915—2013	水泥
24	锅炉大气污染物排放标准	GB 13271—2014	涉锅炉行业
25	制药工业大气污染物排放标准	GB 37823—2019	制药行业
26	涂料、油墨及胶粘剂工业大气污染物排放标准	GB 37824—2019	涂料、油墨、胶粘剂行业
27	挥发性有机物无组织排放控制标准	GB 37822—2019	涉及行业

表 3.7　四川省大气污染防治重点区域划分表

地 区	重点区域
成都市	全域
自贡市	全域
泸州市	江阳区、龙马潭区、纳溪区、泸县全域
德阳市	全域
绵阳市	涪城区、游仙区、安州区、江油市、三台县全域
遂宁市	船山区、安居区、蓬溪县、大英县全域
内江市	全域
乐山市	市中区、五通桥区、沙湾区、峨眉山市、犍为县、井研县、夹江县全域
南充市	顺庆区、高坪区、嘉陵区全域
宜宾市	翠屏区除李端镇、牟坪镇外的区域,南溪区全域,叙州区除商州镇、龙池乡、凤仪乡、双龙镇以外的区域,江安县全域,高县庆符镇、文江镇、胜天镇、月江镇
广安市	广安区、前锋区全域
达州市	通川区全域,达川区除石梯镇、石桥乡、桥湾镇、银铁乡、五四乡以外的区域
雅安市	雨城区、名山区全域
眉山市	东坡区、彭山区、仁寿县、丹棱县、青神县全域
资阳市	雁江区全域

珠三角地区仅凭借 0.6% 的国土面积和全国约 5% 的人口规模，创造了 13% 的全国 GDP 总量。

珠三角地区 9 个城市间边界不明显，城市群效应明显，城市间污染物输送对区域大气质量有显著影响。珠三角地区城市群从政府与政府之间的联动、行政与司法的联动、政府与社会的联动、政府与市场的联动四个方面对区域雾霾实施联防联控。下面以南方沿海城市的广州市为例，看看对付"我"的主要措施有哪些（表 3.8）（来源：2014~2018 年的广州市环境质量状况公报）。

表 3.8　广州市主要治霾措施及成效

年份	采取的措施	目标或成果
2018	广州市坚持"减煤、控车、降尘、少冲烟"的工作思路，印发实施《广州市 2018 年度大气污染综合防治工作计划》《广州市蓝天保卫战作战方案 (2018—2020 年)》《广州市煤炭消费减量替代三年行动计划 (2018—2020 年)》《广州市柴油货车污染防治作战方案 (2018—2020 年)》《广州港口船舶排放控制作战方案 (2018—2020 年)》等	2018 年，广州市 $PM_{2.5}$ 平均浓度为 35 微克 / 米^3，连续两年达到国家二级，未出现重污染天气
2017	35 台 535.9 万千瓦燃煤发电设施完成超洁净排放改造，燃煤机组基本实现超洁净排放；开展锅炉排放专项执法行动，对 221 家企业 308 台锅炉开展执法检查，立案查处 21 宗环境违法行为；将高污染燃料禁燃区范围扩大至全市行政区域。完成纳入广州市十件民生实事的 545 座加油站、13 座储油库油气回收系统评估整改工作；完成 209 家挥发性有机物排放重点企业末端治理。对重型柴油车和轻型柴油客车实施国 V 排放标准；将黄标车限行范围扩大至全市行政区域，淘汰黄标车 9759 辆，基本完成全市黄标车淘汰工作；推进公交车电动化，新增采购纯电动公交车 2452 辆并已全部交付。加大城市扬尘污染防控力度，抽查工地 880 个，对未落实"六个 100%"的工地责令整改	全面完成国家"大气十条"空气质量改善终期考核目标任务；空气质量达标 294 天、比例为 80.5%；$PM_{2.5}$ 平均浓度为 35 微克 / 米^3、达到国家二级标准，在国家中心城市中率先达标；PM_{10}、SO_2 平均浓度分别为 56 微克 / 米^3、12 微克 / 米^3，同比持平；NO_2 平均浓度为 52 微克 / 米^3，同比上升 13%

年份	采取的措施	目标或成果
2016	(1)强化工业污染治理。完成广州发电厂等企业 8 台火电机组"超洁净排放"改造工作，组织中心四区以外区域开展"无燃煤街镇"和"无燃煤村社"的创建。 (2)深化机动车污染控制。继续做好机动车国 V 排放标准的实施工作，对不符合国 V 标准的车辆不予办理注册登记和转入登记。 (3)加强 VOCs 治理。调查核算 1500 多家企业挥发性有机物排放情况。 (4)促进扬尘污染控制。广州住房和城乡建设局等部门加强对全市 2000 多个在建工地的日常监管，秋冬季节增加洒水频次，加强工地密闭覆盖、强化巡查督察。 (5)推进港口船舶污染防治。会同海事、港务等部门印发实施《关于加强船舶排放控制的通告》，联合开展专项执法。 (6)加强空气质量监测与科学研究。全市环境空气质量发布点增至 51 个，每月公布各区环境空气质量及排名	环境空气质量总体持续向好。$PM_{2.5}$、PM_{10}、NO_2、SO_2 平均浓度和一氧化碳第 95 百分位数浓度分别为 36 微克/米^3、56 微克/米^3、46 微克/米^3、12 微克/米^3、1300 微克/米^3，同比分别下降 7.7%、5.1%、2.1%、7.7%、7.1%；臭氧第 90 百分位数浓度为 155 微克/米^3，同比上升 6.9%。达标天数占比为 84.7%，同比减少 0.8 个百分点
2015	(1)深化工业污染治理，促进能源结构调整优化。2015 年，全市 9 家企业 21 台总装机容量 463 万千瓦的燃煤发电机组，完成"超洁净排放"改造，污染排放基本达到燃气机组排放标准。 (2)强化机动车污染防治，促进加快淘汰黄标车及老旧车。全市投入黄标车限行执法电子警察 117 套。全年共完成淘汰黄标车 10.1 万辆，其中淘汰 2005 年前注册的营运黄标车 3.17 万辆，超额完成年度淘汰计划。 (3)创新管理方式，促进扬尘污染控制。 (4)摸清挥发性有机物来源，推进重点行业治理。全市挥发性有机物排放清单初步建立，重点控制行业和重点控制企业确定。 (5)建设大气污染源清单，增加污染控制针对性	PM_{10} 平均浓度为 59 微克/米^3，达到国家《环境空气质量标准》(GB 3095—2012) 二级标准 (70 微克/米^3)，比 2014 年下降 11.9%。越秀、海珠、荔湾、天河 4 个中心城区巩固 2014 年"无燃煤区"创建成效，通过了无燃煤区复核

年份	采取的措施	目标或成果
2014	2014 年 7 月 1 日起全面执行国家新的火电行业大气污染排放标准，推动并完成全市所有 42 台燃煤机组及自备燃煤发电锅炉的脱硫脱硝除尘升级改造。完成恒运电厂 9 号机组、华润电厂 1 号机组"超洁净排放"改造，污染排放基本达到燃气标准；完成纳入市政府 10 件民生实事的 1000 台燃煤、燃重油锅炉淘汰或清洁能源改造工作；天河、越秀、海珠、荔湾等中心城区完成"无燃煤区"建设。对汽油车和柴油车实施国Ⅳ标准、燃气汽车实施国Ⅴ标准，从 2014 年 1 月、7 月起分别推广使用国Ⅳ标准车用柴油及国Ⅴ标准车用汽油；黄标车限行区面积达 528 平方公里，占建成区面积的 52%；在全国率先使用电子警察开展黄标车限行执法；出台鼓励提前报废黄标车奖励政策，全年共淘汰黄标车及老旧汽车 8.7 万辆；制定实施《广州市加强建筑工地环保管理工作方案》，并在天河区先行先试"扬尘污染控制区"创建工作；探索实施扬尘排污费征收管理制度，为 2015 年开征建筑施工扬尘排污费夯实基础	全市环境空气质量达标天数为 282 天，同比增加 22 天，达标天数占比为 77.5%，同比增加 6.3 个百分点，其中优 61 天、良 221 天、轻度污染 67 天、中度污染 14 天、重度污染 1 天，未出现严重污染（共记录 364 天）

📍 四、长三角地区

长三角地区是一个特大城市群，像这样经济发达的城市群是"我"常去的地方。其包含的各省市分别颁布了《大气污染防治行动计划实施方案》，积极采用遏制污染企业排放、关停部分小型污染源（如小锅炉、小窑炉等）、显著降低机动车排放等手段努力实现国务院颁布的《大气污染防治行动计划》的雾霾防治目标。同时，他们以新能源技术和信息技术等为突破口，改造制造业体系，从发展规划、发展路径和治理体制 3 个方面，探索建立面向绿色能源的可持续发展体系，实现经济转型、产业升级，从根本上解决"我"对人类生存造成的隐患。

下面以东部发达城市的代表——上海市为例，看看他们对付"我"的主要手段及成效（表 3.9）（来源：2015~2018 年的上海市生态环境状况公报）。

表 3.9　上海市主要治霾措施及成效

年份	采取的措施	目标或成果
2018	出台《上海市清洁空气行动计划 (2018—2022 年)》，并分别制订 5 年任务清单和 2018 年任务清单，各重点领域工作有序推进。 **能源领域：**全面完成燃煤锅炉清洁能源替代，完成 104 台中小燃油燃气锅炉低氮改造；严控煤炭消费总量，淘汰落后燃煤机组，关停青浦热电和星火热电 (共计 4 台煤电机组)。 **产业领域：**提高项目准入门槛，加大布局调整力度，完成涉气产业结构调整 1000 项；全面推进 VOCs 深化治理工程，完成整车制造、化工、印刷、家具、船舶等重点行业 167 家企业 VOCs 深化治理工程，完成 48 家 / 项源头替代工程；完成 "散乱污" 企业整治 600 家。 **交通领域：**淘汰老旧车 1.74 万辆，投放新能源公交车 1899 辆，新能源物流车 7300 余辆；实施船舶排放控制区二阶段管控要求；累计建成中高压岸电设施 21 台套 **农业领域：**全年粮油作物秸秆综合利用率达到 95%；加强秸秆焚烧巡查工作，建立露天焚烧巡查机制，推广商品有机肥 29.5 万吨、配方肥 1977 万亩次、缓释肥 164 万亩次。 **建设领域：**建设工地落实 "六个百分百" 要求；提升全市道路保洁机械化作业水平，加强渣土运输管理；市属建设工地和堆场码头落实安装扬尘在线监测设备，强化扬尘控制水平	AQI 优良天数为 296 天，较 2017 年增加 21 天；AQI 优良率为 81.1%，较 2017 年上升 58 个百分点。其中，优 93 天，良 203 天，轻度污染 55 天，中度污染 11 天，重度污染 3 天；重度及以上污染天数较 2017 年增加 1 天
2017	全面落实能源、产业、交通、建设、农业、生活六大领域大气污染防治措施 103 项，超额完成《上海市清洁空气行动计划 (2013—2017 年)》明确的重点任务。 **能源领域：**完成公用燃煤电厂 9 台 2840 兆瓦发电机组的超低排放改造，全面完成 24 台机组改造任务，除公用燃煤电厂和钢铁炉，基本实现无燃煤。 **产业领域：**完成污染源整治 1336 处，产业结构调整项目 389 项；进一步聚焦钢铁石化、化工、造船、印刷等重点行业，完成 514 家企业 VOCs 治理工作。 **交通领域：**淘汰老旧车 1.77 万辆，推广新能源汽车约 3 万辆；开展汽车生产企业新生产机动车环保一致性检查；查处问题车辆 2.68 万辆次、违法年检站 4 座	上海市 $PM_{2.5}$ 年均浓度为 39 微克 / 米³，超出国家环境空气质量二级标准 4 微克 / 米³，较 2016 年下降 13.3%，较基准年 2013 年下降 37.1%。按月统计，10 月平均浓度最低，为 24 微克 / 米³；12 月平均浓度最高，为 54 微克 / 米³。近 5 年的监测数据表明，上海市 $PM_{2.5}$ 年均浓度总体呈下降趋势

年份	采取的措施	目标或成果
2016	**能源领域：**完成公用燃煤电厂 9 台 60 万千瓦及以上机组的超低排放改造（累计完成改造 15 台）。 **产业领域：**完成产业结构调整项目 1176 项、1504 家工业企业挥发性有机物治理、电厂煤堆场封闭改造。 **交通领域：**1 月 1 日起实施 2005 年以前国Ⅱ老旧汽车实施外环线（含）以内区域限行措施。 **建设领域：**符合条件的新建建筑项目全部实施装配式建筑，全年落实装配式建筑面积 1500 余万平方米；完成 606 平方公里扬尘污染控制区创建。 **农业领域：**继续强化秸秆综合利用，加快不规范畜禽养殖场（户）退出，开展畜禽养殖减排工程示范建设。 **生活领域：**启动汽修行业专项整治，完成汽修行业综合整治约 1000 家；继续推进餐饮业油烟治理	AQI 优良天数为 276 天，较 2015 年增加 18 天；AQI 优良率为 75.4%，较 2015 年上升 4.7 个百分点。其中，优 78 天，良 198 天，轻度污染 69 天，中度污染 19 天，重度污染 2 天，重度污染天数比 2015 年少 6 天
2015	**能源领域：**出台了上海市煤质减霾替代工作方案，实现燃煤电厂脱硫、脱硝、高效除尘全覆盖，完成 3 台公用燃煤机组超低排放改造和治理，完成 2442 台中小燃煤锅炉和窑炉的清洁能源替代，取缔经营性小茶炉和小炉灶 3626 台，超额完成年度计划。 **产业领域：**全面完成重点行业限期治理任务，完成 500 家企业的 VOCs 治理。 **交通领域：**机动车排放标准进一步提高，1 月 1 日起正式实施国Ⅴ第二阶段机动车排放标准；高污染车辆限行范围进一步扩大。 **建设领域：**进一步加大绿色建筑和装配式建筑推广力度；建设工程颗粒物和噪声在线监测系统全面推广应用，累计完成近千套设备的安装；完成 263 家露天石材加工企业整治	AQI 优良天数为 258 天，较 2014 年减少 23 天；AQI 优良率为 70.7%，较 2014 年下降 6.3 个百分点。其中，优 55 天，良 203 天，轻度污染 73 天，中度污染 26 天，重度污染 8 天，未出现严重污染，重度以上污染天数比 2014 年增加 4 天

五、其他

其他各省市也都开展了有针对性的措施来对付"我"。如根据《辽宁省城市环境空气质量考核暂行办法》，辽宁省在 2013 年就首次给 8 个城市开出"雾霾罚单"，罚缴总计 5420 万元，罚缴资金全部用于治理环境空气质量。而山西晋中在 2019 年印发的《晋中市打赢蓝天保卫战2019年实施方案》涉及钢铁超低排放改造、有色烟羽治理等365个项目。若您还想了解该方案的详细内容，请扫描右方二维码。

第四节　公众如何科学应对"我"的挑战？

关于对"我"的治理，其核心利益相关主体主要包括政府、企业、社会公众、媒体等。他们在治理中承担着不同的职能，比如政府是对"我"进行治理的领导者，承担着治理战略政策制定、政策实施管理、治理成果监测、对管理对象实施奖惩等职能，在治理中发挥主导作用；企业是污染的排放者和节能减排政策的执行者，是实施治理的关键环节；公众是治理"我"的主要受益者，也是治理的参与者，他们自身的消费行为也影响治理"我"的成效。另外，媒体是治理"我"的监督者和倡导者。这么多的利益相关主体在对"我"进行治理的过程中扮演着不同的角色，使得"我"在与他们的斗争中节节败退。那么，作为普通公众如何参与到其中，与"我"打一场科学的攻坚战呢？

一、公众的责任

建立良好的城市环境，需要建立现代环境公民的责任和主体意识，摒弃"事不关己、高高挂起"的意识，因为每个人都既是环境的消费者，也是环境恶化的成本支付者。在这方面，无人可置身事外，治理"我"绝对需要公众参与。

每个公众的个人责任就在于强化环保意识，从日常点滴行为中实现低碳生活，为减少"我"的产生贡献自己的力量。

二、公众的参与

公众参与是环境行政能力的外延，广泛的公众参与有利于弥补政府工作的缺失。具体而言，就是要从环境公民主体意识的建构出发，建立多中心的治理结构，鼓励公民全方位参与，从而发挥城市的功能，使城市拥有适于市民居住的环境。在政府的鼓励下，人们积极投身于环境保护，开展全民环保行动对于治理"我"非常必要。

公众参与到底多重要呢？新修订的《中华人民共和国环境保护法》在总则中明确规定了"公众参与"原则，并对"信息公开和公众参与"进行专章规定。中共中央、国务院《关于加快推进生态文明建设的意见》中提出要"鼓励公众积极参与。完善公众参与制度，及时准确披露各类环境信息，扩大公开范围，保障公众知情权，维护公众环境权益"。环境保护部于2015年7月发布了《环境保护公众参与办法》，给出了具体的环境保护公众参与办法。想知道具体有哪20条公众参与办法，请扫描右方的二维码。

如何积极投身到环境保护的公众参与中来？

第一，公民可以在网站上查询企业或具体污染源的相关污染信息，以及该企业执行的排污标准和每个重点污染源的排污状况等，也就是说公众实施了对这个排污企业的监督。当这些排污企业在公众监督之下时，他们的日常行为就会更规范化，当其污染超标时，也能促使主管部门严格执法。

四川省生态环境厅厅长公布了邮箱"四川环保666"，即 schb666@163.com，"开诚布公、开门纳谏"，建立起联系机制，随时接受大家的监督和意见。

第二，公民发现任何单位和个人有污染环境和破坏生态行为时，可以通过信函、传真、电子邮件、"12369"环保举报热线、政府网站等途径，向环境保护主管部门举报。若发现地方各级人民政府、县级以上环境保护主管部门不依法履行职责的，公民有权向其上级机关或者监察机关举报。

第三，公民积极关注周围区域或特定区域内建设项目的环境影响评价公示，并参与其公众参与环节，如问卷调查、座谈会、专家论证会、听证会等，提出合理的诉求和建议。

第四，公民也可用法律武装自己，对不合理的污染导致公众环境利益受损提出合理的环境公益诉讼，为公众的环境利益打官司。

俗话说，众人同心，其利断金。简而言之，只要发动人民群众的力量，团结一心对"我"进行打击，对付"我"也就不在话下了。

三、改变生活方式，崇尚低碳环保生活

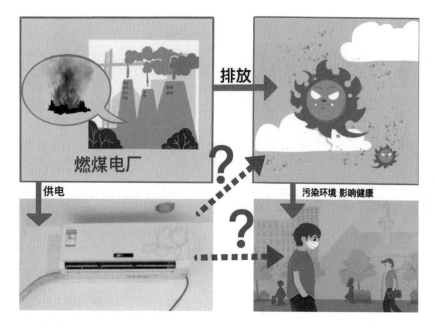

公民认真践行低碳环保的生活方式，可以有效从源头实现减排，"我"就缺少了生存的条件，相当于把"我"送上了"断头台"。为什么这样说呢？举一个简单例子：夏季，城市居民或公司职员基本都在空调房里度过，有的人离开房间几个小时却让空调一直开着，这是在浪费电，而绝大多数地区都是通过燃煤电厂供电。燃煤，在前面已经多处提到是产生"我"的最大来源，

同时也排放了很多污染物，对环境和人体健康都有显著的负面影响。所以，如果每一个人都节约用电，减少开空调的时间，杜绝无意义的浪费，那就是一把消灭"我"的无形利剑。

生活方式的改变关键还是要靠每一个公民。下面以成都市市民的生活数据进行对比，来看看人们的生活方式发生变化对"我"会有何影响（表 3.10）。

表 3.10　成都市 1995 年、2010 年衣食住行数据情况

	人均衣着支出 / 元	人均食品类支出 / 元	私家车数量 / 万辆	每万人公交数量 / 台	人均住房面积 / 米²	居民耗电量 / 万千瓦·时
1995 年	626.84	2273.90	35.21	7.60	8.70	74090
2010 年	2730.40	11048.39	139.60	18.84	36.58	746640
增幅 /%	335.6	385.9	296.5	147.9	320.5	907.7

由表 3.10 可知，近年来成都市民高碳生活方式、消费享受性特征较为突出，低碳生活的理念没有完全树立。所以，成都是"我"生活的一片乐土。

然而，如果成都市民每个人都从多方面着手改变，使日常生产生活践行环保成为一种自觉，那"我"就在这片乐土快活不了多久了。

那么，哪些生活方式的改变对"我"是致命的呢？以每个市民为例，大家可以从以下日常生活习惯中的许多细节改变来减少"我"的产生。

衣着方面。尽量选择以天然织物为原料的衣物。这样一方面可以保证穿着的舒适，另外也能促进天然织物种植面积的提高；在生产过程中，天然植物比人工合成的织物消耗的能源要少得多，其产生的污染也要少得多；最后，在洗涤衣物的时候，特别是夏季的衣物，尽量选择手洗而非机洗，可减少不必要的能源浪费。

饮食方面。尽量购买本地、季节性食品，减少食物加工过程，从而减少二氧化碳的排放量。

居住条件方面。遵循"房子不是越大越好，理智选择适合户型"的理念。在住房、家具及其家用电器的选择上，从实用出发，家用电器也选择节能型的，以减少不必要的资源浪费。

出行方面。出行时多选用公共交通工具，尽量不开或者少开私家车。建议上下班距离在 5 公里以内骑自行车、1 公里以内步行，既环保又锻炼了身体。若需要购买私家车，也应选择合适的汽车车型，尽量选择低油耗、新能源、更环保的汽车。

日常生活和工作方面。打印文件时，尽量做到双面打印，在打印机的设置中，可选择"节省墨盒"方式打印等。将个人电脑设置成自动关闭显示器、硬盘，启动休眠模式。离开办公室，自动关闭电脑、打印机和办公室所有的用电设备，不要长期带电。

总的来说，从政府到企业，从科学家到普通民众，都在积极投入这场战斗，每个主体都是不可忽视的力量。例如，科学家必须抵御来自各方面的压力、诱惑和干扰，独立地进行科学研究，探索产生污染的真正原因，发明新技术、发展新能源；政府必须有宏观长远的目光，从根本上改变传统的能源结构、产业结构，用强有力的手段保证环保法案和各项措施得以落实，同时也大力推动环保知识的普及，倡导新的生活方式；而民众，更是不可或缺的力量，首先必须从内心深处意识到，治理污染并不只是科学家和政府的事，而是所有普通人的共同事业，才能更好地投入，积极地参与，如少开一公里车，少抽一根烟，少吃一些烧烤等都是减少"我"产生的有效措施，最终"我"将无处可藏。

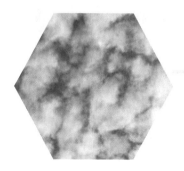

"

　　中国从政府到公众都参与了与"我"的战斗，他们也没忘记在战斗过程中如何加强对"我"的防御。据"我"所知，很多省（区、市）都由政府发布了城市空气污染应急预案，指导政府及民众行为，尽力减少"我"带来的危害。这里展示北京和广州两个典型城市空气污染应急预案，大家可以看出各大城市如何因地制宜地制定了最适合自己城市的应急措施。当然，随着时代的进步和社会的变化，各城市发布的空气污染应急预案都会进行更新。

"

一、《北京市空气重污染应急预案（2018 年修订）》

发布单位：北京市人民政府。

发布时间：2016 年 11 月 21 日。

预案修订：2018 年 10 月，为落实生态环境部预案修订相关要求，北京市认真研究，在对《北京市空气重污染应急预案（2017 年修订）》进行补充完善的基础上，制定了新的《北京市空气重污染应急预案（2018 年修订）》。

（一）预警分级

1. 蓝色预警（四级）：预测全市空气质量指数日均值（24小时均值，下同）大于 200 将持续 1 天，且未达到高级别预警条件时。

2. 黄色预警（三级）：预测全市空气质量指数日均值大于 200 将持续 2 天及以上，且未达到高级别预警条件时。

3. 橙色预警（二级）：预测全市空气质量指数日均值大于 200 将持续 3 天，且出现日均值大于 300 时。

4. 红色预警（一级）：预测全市空气质量指数日均值大于 200 将持续 4 天及以上，且日均值大于 300 将持续 2 天及以上时；或预测全市空气质量指数日均值达到 500 及以上，且将持续 1 天及以上时。

（二）应急措施

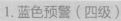

1. 蓝色预警（四级）

1）健康防护引导措施

①儿童、老年人和呼吸道、心脑血管疾病及其他慢性疾病患者减少户外活动。

②中小学、幼儿园减少户外活动。

2）倡议性减排措施

①公众尽量乘坐公共交通工具出行，减少上路行驶机动车数量；驻车时及时熄火，减少车辆原地怠速运行时间。

②加大对施工工地、裸露地面、物料堆放等场所实施扬尘控制措施力度。

③加强道路清扫保洁，减少交通扬尘污染。

④拒绝露天烧烤。

2. 黄色预警（三级）

1）健康防护引导措施

①儿童、老年人和呼吸道、心脑血管疾病及其他慢性疾病患者尽量留在室内，避免户外活动。

②中小学、幼儿园停止户外体育课、课间操、运动会等活动。

③环保、卫生计生、教育等部门和各区政府分别按行业和属地管理要求，加强对空气重污染应急、健康防护等方面科普知识的宣传。

2）倡议性减排措施

①公众尽量乘坐公共交通工具出行，减少上路行驶机动车数量；驻车时及时熄火，减少车辆原地怠速运行时间。

②加大对施工工地、裸露地面、物料堆放等场所实施扬尘控制措施力度。

③加强道路清扫保洁，减少交通扬尘污染。

④拒绝露天烧烤。

⑤减少涂料、油漆、溶剂等含挥发性有机物的原材料及产品的使用。

3）强制性减排措施

在保障城市正常运行的前提下：

①在常规作业基础上，对重点道路每日增加 1 次及以上清扫保洁作业。

②停止室外建筑工地喷涂粉刷、护坡喷浆、建筑拆除、切割等施工作业。

3. 橙色预警（二级）

1）健康防护引导措施

①儿童、老年人和呼吸道、心脑血管疾病及其他慢性疾病患者尽量留在室内，避免户外活动；一般人群减少户外活动。

②中小学、幼儿园停止户外课程和活动。

③医疗卫生机构加强对呼吸类疾病患者的防护宣传和就医指导。

2）倡议性减排措施

①公众尽量乘坐公共交通工具出行，减少上路行驶机动车数量；驻车时及时熄火，减少车辆原地怠速运行时间。

②加大对施工工地、裸露地面、物料堆放等场所实施扬尘控制措施力度。

③加强道路清扫保洁，减少交通扬尘污染。

④减少涂料、油漆、溶剂等含挥发性有机物的原材料及产品的使用。

⑤企事业单位可根据空气污染情况实行错峰上下班。

3）强制性减排措施

在保障城市正常运行的前提下：

①在常规作业基础上，对重点道路每日增加1次及以上清扫保洁作业。

②停止室外建筑工地喷涂粉刷、护坡喷浆、建筑拆除、切割、土石方等施工作业。

③在实施工作日高峰时段区域限行交通管理措施基础上，国Ⅰ和国Ⅱ排放标准轻型汽油车（含驾校教练车）禁止上路行驶。

④建筑垃圾、渣土、砂石运输车辆禁止上路行驶（清洁能源汽车除外）。

⑤对纳入空气重污染橙色预警期间制造业企业停产限产名单的企业实施停产限产措施。

⑥禁止燃放烟花爆竹和进行露天烧烤。

4. 红色预警（一级）

1）健康防护引导措施

①儿童、老年人和呼吸道、心脑血管疾病及其他慢性疾病患者尽量留在室内，避免户外活动；一般人群尽量避免户外活动。

②室外执勤、作业等人员可采取佩戴口罩等防护措施。

③中小学、幼儿园采取弹性教学或停课等防护措施。

④医疗卫生机构组织专家开展健康防护咨询、讲解防护知识，加强应急值守和对相关疾病患者的诊疗保障。

2）倡议性减排措施

①公众尽量乘坐公共交通工具出行，减少上路行驶机动车数量；驻车时及时熄火，减少车辆原地怠速运行时间。

②加大对施工工地、裸露地面、物料堆放等场所实施扬尘控制措施力度。

③加强道路清扫保洁，减少交通扬尘污染。

④大气污染物排放单位在确保达标排放基础上，进一步提高大气污染治理设施的使用效率。

⑤减少涂料、油漆、溶剂等含挥发性有机物的原材料及产品使用。

⑥企事业单位可根据空气污染情况采取错峰上下班、调休和远程办公等弹性工作方式。

3）强制性减排措施

在保障城市正常运行的前提下：

①在常规作业基础上，对重点道路每日增加 1 次及以上清扫保洁作业。

②停止室外建筑工地喷涂粉刷、护坡喷浆、建筑拆除、切割、土石方等施工作业。

③国 I 和国 II 排放标准轻型汽油车（含驾校教练车）禁止上路行驶，国 III 及

以上排放标准机动车（含驾校教练车）按单双号行驶（纯电动汽车除外），其中本市公务用车在单双号行驶基础上，再停驶车辆总数的30%。

④建筑垃圾、渣土、砂石运输车辆禁止上路行驶（清洁能源汽车除外）。

⑤对纳入空气重污染红色预警期间制造业企业停产限产名单的企业实施停产限产措施。

⑥禁止燃放烟花爆竹和露天烧烤。

⑦协调加大外调电力度，降低本市发电负荷。

二、《广州市环境空气重污染应急预案》

发布单位：广州市人民政府办公厅。

发布时间：2016年4月20日。

（一）预警分级

依据空气质量预测结果，综合考虑空气污染程度和持续时间，将环境空气重污染预警分为4个级别，由轻到重依次为蓝色预警、黄色预警、橙色预警和红色预警。

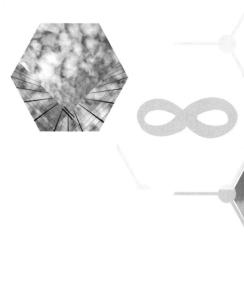

蓝色预警：预测空气重度污染将持续 1 天。

黄色预警：预测空气重度污染将持续 2 天及以上。

橙色预警：预测空气严重污染将持续 3 天。

红色预警：预测空气严重污染将持续 4 天及以上。

应急响应分为Ⅳ级、Ⅲ级、Ⅱ级、Ⅰ级 4 个等级，对应蓝色、黄色、橙色、红色预警。

（二）应急措施

1. Ⅳ级响应措施

1）强制性措施

①强化企业排放控制。责令应急监管企业名单中停产企业或未完成 VOCs 排放控制整改工作的企业停止排污，工业涂装未使用低挥发性有机物含量的涂料按未完成 VOCs 排放控制整改处理。加强对停产企业监控和巡查。

②强化工地污染控制。除市政基础设施和公共设施等重点项目，其他建设工程停止土石方开挖、拆除施工、余泥渣土建筑垃圾清运，暂停含有挥发性有机溶剂的喷涂和粉刷等作业。施工工地洒水降尘频次每日至少增加 1 次。加强停止施工和洒水降尘执法检查。

③强化道路扬尘治理。增加全市道路清扫保洁时间，洒水作业频次每天至少增加两次。

④港口码头防尘。港口码头堆场采取措施有效防治扬尘，加强监管。

⑤禁燃。全面禁止燃放烟花爆竹。

⑥禁烧。禁止露天烧烤。

2）建议性措施

①倡导调峰生产。倡导排放大气污染物的企业主动采取措施，调峰生产，控制污染工序生产，减产减排。

②倡导公交出行、错峰上下班。倡导公众尽量乘坐公共交通工具出行，减少汽车上路行驶；有条件的单位和企业主动错峰上下班行动。

③倡导船舶减排。倡导进入广州市港区和航道的船舶使用低硫燃料，靠岸船舶尽量采用岸电。

④提请区域联动。向省政府报告广州市应对环境空气重度污染的Ⅳ级应急响应情况，并提请省协调相关城市协同减排，减少区域污染。

3）健康防护措施

发布健康指引，对相应敏感人群发布健康防护指引。

2. Ⅲ级响应措施

1）强制性措施

①强化企业排放控制。责令应急监管企业名单中停产企业或未完成VOCs排放控制整改工作的企业停止排污；应急监管企业名单中重点监管企业通过降低生产负荷、提高污染防治设施治理效率或者停产限产等方式减少污染物排放15%以上；挥发性有机物排放重点企业和区域停止各类开停车、放空作业；工业涂装未使用低挥发性有机物含量的涂料按未完成VOCs排放控制整改处理；加强对应急监管企业监控和巡查。

②强化工地污染控制。除市政基础设施和公共设施等重点项目，其他建设工程停止土石方开挖、拆除施工、余泥渣土建筑垃圾清运；暂停含有挥发性有机溶剂的喷涂和粉刷等作业；施工工地洒水降尘频次每日至少增加1次；加强停止施工和洒水降尘执法检查。

③强化道路扬尘治理。增加全市道路清扫保洁时间，洒水作业频次每天至少增加 2 次；散装建筑材料、工程渣土、建筑垃圾运输车辆停止上路行驶。

④港口码头防尘。易产生扬尘污染的物料码头停止作业，并采取措施有效防治扬尘，加强监管。

⑤禁燃。全面禁止燃放烟花爆竹。

⑥禁烧。禁止露天烧烤。

2）建议性措施

①倡导使用低排放原辅材料及燃料。燃煤或燃油电厂、工业锅炉使用预先储存的优质、低灰分和低硫含量燃料。

②倡导民用源减排。倡导停止一切装修、喷漆等民用排放挥发性有机化合物行为。

③倡导公交出行、错峰上下班。倡导公众尽量乘坐公共交通工具出行，减少汽车上路行驶；有条件的单位和企业主动错峰上下班行动。

④倡导过境车辆绕行。引导过境车辆避开主城区行驶。

⑤倡导船舶减排。倡导进入广州市港区和航道的船舶使用低硫燃料，靠岸船舶尽量采用岸电。

⑥提请区域联动。向省政府报告广州市应对环境空气重度污染的Ⅲ级应急响应情况，并提请省协调相关城市协同减排，减少区域污染。

3）健康防护措施

发布健康指引，对相应敏感人群发布健康防护指引。

3. **Ⅱ级响应措施**

1）强制性措施

①机动车限行。全市禁止未持有绿色环保标志的汽车通行；除保障城市正常生产、生活的机动车，对机动车实行单双号限行。

②强化企业排放控制。责令应急监管企业名单中停产企业或未完成VOCs排放控制整改工作的企业停止排污；应急监管企业名单中重点监管企业通过降低生产负荷、使用优质燃料、提高污染防治设施治理效率或者停产等方式减少污染物排放 30% 以上；挥发性有机物排放重点企业和区域停止各类开停车、放空作业；工业涂装未使用低挥发性有机物含量的涂料按未完成VOCs排放控制整改处理，并加强对应急监管企业的监控和巡查。

③强化工地污染控制。除市政基础设施和公共设施等重点项目，其他建设工程停止土石方开挖、拆除施工、余泥渣土建筑垃圾清运，暂停含有挥发性有机溶剂的喷涂和粉刷等作业。市政基础设施和公共设施等重点项目合理调整施工程序，减少扬尘污染。施工工地洒水降尘频次每日至少增加两次。加强停止施工和洒水降尘执法检查。

④强化道路扬尘治理。增加全市道路清扫保洁时间，每天增加清扫保洁作业 2~4 次，洒水次数不少于 4 次；散装建筑材料、工程渣土、建筑垃圾运输车辆停止上路行驶。

⑤港口码头防尘。易产生扬尘污染的物料码头停止作业，并采取措施有效防治扬尘，加强监管。

⑥禁燃。全面禁止燃放烟花爆竹。

⑦禁烧。禁止露天烧烤。

2）建议性措施

①倡导使用优质燃料。燃煤或燃油电厂、工业锅炉使用预先储存的优质、低灰分和低硫含量燃料。

②倡导民用源减排。倡导停止一切装修、喷漆等民用排放挥发性有机化合物行为。

③倡导公交出行、错峰上下班。倡导公众尽量乘坐公共交通工具出行，减少上路行驶汽车数量；有条件的单位和企业主动错峰上下班行动。

④倡导过境车辆绕行。引导过境车辆避开主城区行驶。

⑤倡导船舶减排。倡导进入广州市港区和航道的船舶使用低硫燃料，靠岸船舶尽量采用岸电；呼吁港口减少进港船舶，远洋货运轮船暂停外海锚地，内河减少货运船只通行。

⑥择机人工影响天气。择机采取人工影响局部天气措施，降低大气污染物浓度。

⑦提请区域联动。向省政府报告广州市应对环境空气重污染的Ⅱ级应急响应情况，并提请省协调相关城市协同减排，减少区域污染。

3）健康防护措施

发布健康指引，对相应敏感人群发布健康防护指引。

4. Ⅰ级响应措施

1）强制性措施

①机动车限行。全市禁止未持有绿色环保标志的汽车通行；除保障城市正常生产、生活的机动车，对机动车实行单双号限行。

②强化企业排放控制。责令应急监管企业名单中停产企业或未完成 VOCs 排放控制整改工作的企业停止排污；应急监管企业名单中重点监管企业通过降低生产负荷、使用优质燃料、提高污染防治设施治理效率或者停产等方式减少污染物排放 40% 以上。燃煤发电机组使用优质煤发电。挥发性有机物排放重点企业和区域停止各类开停车、放空作业；工业涂装未使用低挥发性有机物含量的涂料按未完成 VOCs 排放控制整改处理。加强对应急监管企业的监控和巡查。

③强化工地污染控制。除市政基础设施和公共设施等重点项目，其他建设工程停止土石方开挖、拆除施工、余泥渣土建筑垃圾清运，暂停含有挥发性有机溶剂的喷涂和粉刷等作业。市政基础设施和公共设施等重点项目合理调整施工程序，

减少扬尘污染。施工工地洒水降尘频次每日至少增加两次。加强停止施工和洒水降尘执法检查。

④强化道路扬尘治理。增加全市道路清扫保洁时间，每天增加清扫保洁作业 2~4 次，洒水次数不少于 4 次；散装建筑材料、工程渣土、建筑垃圾运输车辆停止上路行驶。

⑤港口码头防尘、减排。易产生扬尘污染的物料码头停止作业，并采取措施有效防治扬尘，加强监管。禁止船舶的原油洗舱、驱气作业。

⑥禁燃。全面禁止燃放烟花爆竹。

⑦禁烧。禁止露天烧烤。

⑧民用源减排。停止一切装修、喷漆等民用排放挥发性有机化合物行为。

2）建议性措施

①倡导使用优质燃料，燃煤或燃油电厂、工业锅炉使用预先储存的优质、低灰分和低硫含量燃料。

②倡导公交出行、错峰上下班。倡导公众尽量乘坐公共交通工具出行，减少汽车上路行驶；有条件的单位和企业主动错峰上下班行动。

③倡导过境车辆绕行。引导过境车辆避开主城区行驶。

④倡导船舶减排。倡导进入广州市港区和航道的船舶使用低硫燃料，靠岸船舶尽量采用岸电；呼吁港口减少进港船舶，远洋货运轮船暂停外海锚地，内河减少货运船只通行。

⑤择机人工影响天气。择机采取人工影响局部天气措施，降低大气污染物浓度。

⑥提请区域联动。向省政府报告广州市应对环境空气重污染的Ⅰ级应急响应情况，并提请省协调相关城市协同减排，减少区域污染。

3）健康防护措施

发布健康指引，对相应敏感人群发布健康防护指引。

第六节　中国取得的阶段性成效及存在问题

一、阶段性成效

从国家到地方政府再到民众的高度关注，中国社会的全方位联动，各地区纷至沓来的各种战斗措施，"我"扛不住了。中国以创纪录的速度暂时打败了"我"。

据生态环境部发布的《2017 中国生态环境状况公报》可知，全国 338 个地级及以上城市 PM_{10} 平均浓度比 2013 年下降 22.7%，京津冀、长三角、珠三角区域 $PM_{2.5}$ 平均浓度比 2013 年分别下降 39.6%、34.3%、27.7%，北京市 $PM_{2.5}$ 平均浓度从 2013 年的 89.5 微克 / 米^3 降至 58 微克 / 米^3，全国 $PM_{2.5}$ 年均浓度范围为 10~86 微克 / 米^3，平均为 43 微克 / 米^3，比 2016 年下降 6.5%；超标天数比例为 12.4%，比 2016 年下降 1.7 个百分点。《大气污染防治行动计划》提出的空气质量改善目标和重点工作任务全面完成，如图 3.2~ 图 3.4 所示。

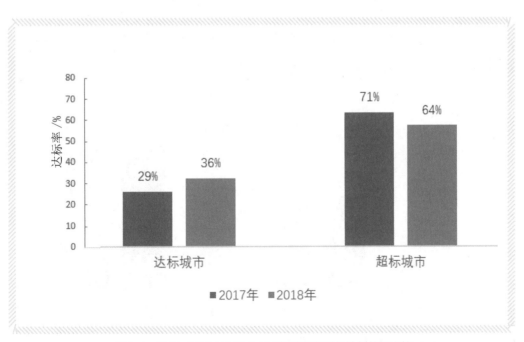

图 3.2　2017~2018 年 338 个城市环境空气质量达标情况比较

中国生态环境部发布的《中国空气质量改善报告（2013—2018 年）》指出 2013~2018 年，首批实施《环境空气质量标准》的 74 个城市的 $PM_{2.5}$ 浓度下降了 42%。

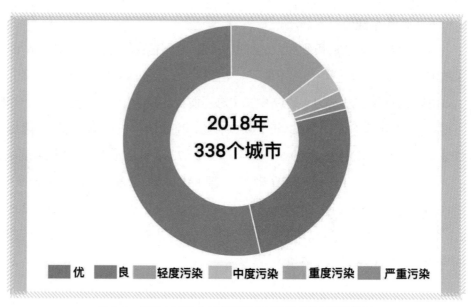

图 3.3　2018 年 338 个城市环境空气质量各级别天数比例

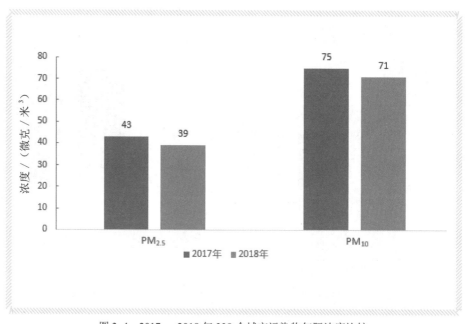

图 3.4　2017 ~ 2018 年 338 个城市污染物年际浓度比较

2019 年 7 月，生态环境部发布了 2019 年 1~6 月全国空气质量状况。1~6 月，平均优良天数比例为 80.1%，同比上升 0.4 个百分点；142 个城市环境空气质量达标，同比增加 20 个；$PM_{2.5}$ 浓度为 40 微克 / 米^3，同比下降 2.4%；PM_{10} 浓度为 69 微克 / 米^3，同比下降 4.2%。

目前，中国各大城市的口号都是打赢蓝天保卫战，让蓝天常有、白云常驻。要想了解中国各城市在治霾中取得的成效和出台的各项措施，大家也可关注一些相关的公众号。

中国在取得阶段性胜利的同时，并未沾沾自喜，而是毫不松懈地继续与"我"对抗。2018~2019 年秋冬季，京津冀地区及周边"2+26"城市重污染天数累计 624 天，同比增加 36.8%；汾渭平原重污染天数累计 250 天，同比增加 42.9%（来源：生态环境部《关于重点区域 2018—2019 年秋冬季环境空气质量目标完成情况的函》）；2019 年第一季度，"我"在中国部分城市的浓度不降反升。例如 2019 年上半年，陕西省 $PM_{2.5}$ 平均浓度为 59 微克 / 米^3，同比上升 11.3%；平均优良天数为 117.4 天，同比减少 2.2 天。"我"的反击给中国人民敲了一个警钟，让他们认识到"我"的厉害，明白他们对"我"的战斗成果其实是比较脆弱的。

然而，他们的态度和手段也刷新了"我"对中国的看法。

例如：新闻报道了某县在 2019 年上半年 PM_{10} 和 $PM_{2.5}$ 浓度较去年同期分别上升 5.8% 和 4.7%，1~5 月月度空气质量综合指数或 $PM_{2.5}$ 平均浓度值同比不降反升累计 3 次的两个县政府主要负责人被省生态环境厅专员办进行了公开约谈，要求其制订整改方案，压实整改责任，做到立行立改，限期改变现状。这样的新闻改变了"我"之前

VOCs PM$_1$
PM$_{10}$ TSP NO$_2$
SO$_2$
PM$_{2.5}$

对中国的理解，"我"曾经以为这么一个霾大国，应该是只注重自身的经济快速发展而忽略环境的破坏。"我"清楚地看到中国人对付"我"不只是口头说说，也不是一时热情而已。中国正在采用非常认真且严肃的态度来与"我"战斗。然而，他们在努力，"我"也在努力。

二、问题与解决思路

轻易认输可不是"我"的风格。中国即使现在暂时占了上风，"我"也会调整"我"的作战方针，蓄积力量与中国人民战斗到底。一旦他们松懈，就是"我"的出头之日。因为，据"我"了解，他们现在还存在一些困难和不足。让"我"借用《大数据与雾霾污染治理》的内容来抛砖引玉，简要分析一下他们的思路和存在的问题。

如前文所述，他们认为"我"形成的内因是污染物的排放。面对中国现在的工业体系，污染物排放是全世界构成最复杂的。要很好治理"我"，中国还面临不少困难。

首先，对复杂污染源进行有效管理和调控还存在一定的困难。中国现在的工业体系是全世界技术分布最宽的。例如钢铁，有全世界较先进的中国宝武钢铁集团有限公司，也有落后的中西部地区小的钢铁企业。

其次，科学合理应用大数据存在一定困难。污染物、污染源是一个大数据的概念，又跟气象条件相关，而气象数据本身也是一个大数据体系。因此，将这些数据挖掘出来并加以科学应用是一大难题。

中国现有的环境管理体系对大气污染源的覆盖范围是有限的。原因是中国的污染治理是以工业污染治理切入的，所以有其独特性。表面上看有在线监测、总量核查等很多数据来源，但是这些都针对固定燃烧源、工艺过程源等，而农业源、生物质燃烧源等在现有的体系里没有数据，需要补充，如图3.5所示。没有这些大数据支撑，调控策略的有效性就值得思考了。

再次，思维的转变到策略的落实存在一定困难。由于现在的治理并不是以某一个行业的污染物减量多少为最终目标，而是以一个地域污染物的浓度

图 3.5　大气污染源数据来源情况

	固定燃烧源	工艺过程源	道路机动车源	非道路移动源	溶剂使用剂源	农业源	生物质燃烧源	扬尘源
	数亿台	数十万家	数亿辆	数亿辆	数百万吨	数十亿只	百万平方公里	数十亿平方米
SO_2	✓	✓	✗	✗	✗	✗	✗	✗
NO_x	✓	✓	✓	✗	✗	✗	✗	✗
PM_{10}	✓	✓	✓	✗	✗	✗	✗	✗
$PM_{2.5}$	✗	✗	✓	✗	✗	✗	✗	✗
CO	✗	✗	✓	✗	✗	✗	✗	✗
VOCs	✗	✗	✓	✗	✗	✗	✗	✗
NH_3	✗	✗	✗	✗	✗	✗	✗	✗

降多少为最终目标。所以一个行业某一个方面的减排技术可以实现该方面的污染物减排，但仅仅是一部分。因此，如何从全局把控、转换思维、科学治理是有一定难度的。要制定基于区域发展成果共享、环境责任共担、长期行为改变激励的区域污染控制战略，实现区域污染控制目标实现的社会成本最小化、减排责任公平化、控制标准一体化、发展权益均等化的区域大气污染治理合作机制，还需要一定的时间和过程。

还有一些问题也暴露出中国治理"我"的困境，值得他们进一步思考。

第一，复合型污染特征突出，传统的煤烟型污染、汽车尾气污染与二次污染相互叠加，部分城市不仅 PM$_{2.5}$ 和 PM$_{10}$ 超标，"我"的小伙伴 O$_3$ 的污染也日益凸显。

第二，京津冀地区、长三角地区、珠三角地区三个重点区域仍是空气污染相对较重区域，老百姓很难感觉到治理"我"的效果，抱怨仍然较多。

第三，重污染天气尚未得到有效遏制，持续时间长、污染程度重的大范围重污染天气仍有出现，重污染现象频发势头没有得到根本性改善。

第四，政府、企业、非政府组织和公众等相关利益群体共同参与的体制机制未健全。现阶段存在纵向权威下政府间联动可能带来的责任泛化和缺失，激励联动治理"我"的市场机制不成熟和区域联动治理"我"的立法供给不足等问题。

当然，"我"仍然不能轻视他们努力和策略的有效性。

他们在抓住了内因排放数据和外因气象数据之间的逻辑关系后，理解了 PM$_{2.5}$ 浓度的升降规律，如大风一来，PM$_{2.5}$ 浓度就能从 800 微克/米^3 降到 10 微克/米^3。所以，民间说的"等风来"其实也算是一种靠外因来对付"我"的技巧。

然而，他们更擅长结合内因和外因，进行沙盘推演，也就是进行数值预报来对付"我"。目前中国治理"我"的支撑体系包括了三种核心技术：排放清单技术、立体观测技术、数值模拟技术，把气象条件集合起来，最后形成浓度演变的规律（图 3.6），结合起来就是数值预报。它可以预估采取限号措施、限行措施、错峰生成措施等预计能把污染缓解到什么程度，这是短期应急方案。同时，也可以做长期预估，如通过五年计划可以逐步把污染降到什么程度等。

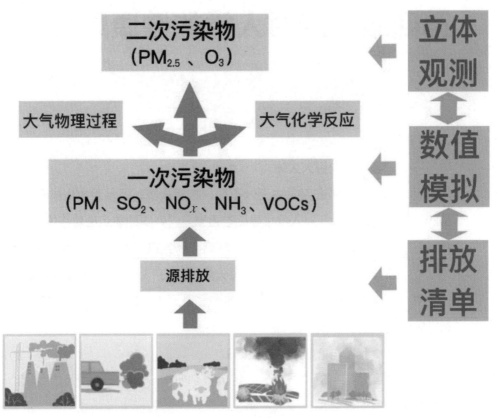

图 3.6　大气复合污染治理核心支撑技术图

　　现在他们已经成功实践了多次，如"奥运蓝""APEC 蓝""阅兵蓝"等。2016年，京津冀地区重污染事件中，红色预警期间京津冀地区 $PM_{2.5}$ 浓度平均下降比例为27.6%，减排效果明显。如果提前实施重污染应急措施，可以使 $PM_{2.5}$ 下降浓度有一定提升。提前 2 天实施可以使 $PM_{2.5}$ 浓度平均下降比例增加 4.4%，提前 3 天以上效果提升不明显。这都是很好的沙盘推演过程。

　　总之，强化环境行政问责、健全参与机制、完善治理"我"的市场机制、开发监测和治理"我"的先进技术、采用严格的机动车尾气排放标准和运输管理措施、健全协同立法等都是打败"我"、重现碧水蓝天的有效路径。今天，"我"看到了中国政府的"铁腕"政策，也看到了科学对付"我"的手段。然而，要最终打败"我"，还有待时日，"我"将拭目以待。

第四章　霾对人类的健康风险

一、"我"如何进入人体

尽管"我"飘散在空气中无处不在、数量众多，但是因为人体有一套自身的防护机制，"我"要入侵也是困难重重。"我"的重点进攻路线有 3 条：呼吸系统、消化系统和皮肤。其中，时刻与外界进行着气体交换的呼吸道是"我"入侵的最佳路径。成年人平均每天要呼吸约 13.6 千克（约合 10 立方米）的空气，工作和运动量大的人呼吸的空气量则更大（何强　等，1988），而儿童呼吸的空气量往往大于他们的体重。

（一）"我"与呼吸系统的攻防战

由于"我"的家族成员庞大，组成复杂多样、形态千奇百怪，专家为了更好地将"我们"区别开来，发明了一个特殊的指标来描述我们——空气动力学当量直径（aerodynamic equivalent diameter）。简单说明一下这个指标，就是如果"我"的空气动力学效应跟一个有单位密度（密度为 1 克 / 厘米^3）的球形粒子相同，那么，这个球形颗粒物的直径就是"我"的空气动力学当量直径（杨克敌，2015）。例如，人的头发丝很细，而"我们"的小兄弟 $PM_{2.5}$ 的空气动力学当量直径小于或等于 2.5 微米，还不到人头发丝直径的 1/20（图 4.1）。当"我们"通过呼吸系统入侵时，"我们"各自的空气动力学当量直径便在很大程度上决定了我们各自到达的深度和造成破坏的类型。

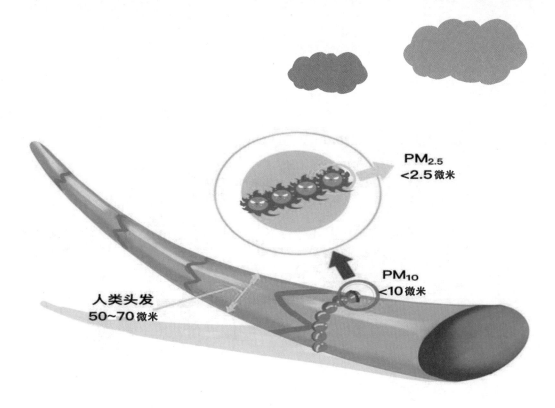

PM2.5
<2.5微米

PM10
<10微米

人类头发
50~70微米

图 4.1　"我"的大小

　　较大的颗粒（＞ 10 微米）会在口腔、鼻腔迅速沉积，最终被挡在人的鼻子外面；随后经吞咽进入消化系统，以排泄的方式排出体外；而颗粒物随着呼吸进入呼吸系统后，经历呼出、沉积、清除和吸收等过程（图 4.2）。

　　呼出：较小的颗粒（＜ 0.4 微米）不容易沉积，会随着呼吸而排出体外（图 4.2）。

　　沉积：一部分颗粒物会依据其空气动力学直径的大小而沉积在气管、支气管区、肺泡呼吸区。

　　清除：沉积颗粒物中另有一部分通过呼吸系统的清除机制（包括肺泡区巨噬细胞的吞噬、气管支气管区的纤毛运动等）排出。

　　吸收：未被清除的颗粒物有一部分会通过呼吸道壁面进入循环系统而被进一步吸收（邓启红，2009；欧翠云，2011；周鑫，2010）。

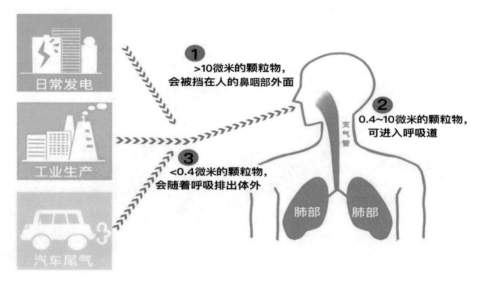

图 4.2 "我"在呼吸系统的旅行

　　一般来说，"体型"越小的兄弟越容易深入呼吸系统，有机会沉积在更深的部位，甚至穿透肺泡进入血液循环进而危害其他系统。空气动力学直径超过 10 微米的"胖子"们绝大部分都会被阻挡在鼻咽部外，即便进入了鼻腔也会被鼻毛、鼻黏膜分泌的黏液所拦下。其中 $PM_{2.5}$ 有 75% 能在肺泡内沉积，而小于 0.4 微米的兄弟们可以自由地出入肺泡，但因为太小，可以随着呼吸排出体外。因此，较少产生沉积（杨克敌，2015）。

　　人体呼吸系统对我们的防御机制主要由 3 个部分构成，黏膜纤毛清除、巨噬细胞吞噬和上皮细胞内吞。在我们进攻开始的前 24 小时，人体的黏膜和纤毛是抵御我们的"排头兵"。呼吸管上皮细胞表面存在着许多纤毛始终向着呼吸系统进口的方向做着规律的摆动，当我们沉积在管壁上后，纤毛会把我们推送到咽部，刺激咽部，最终通过痰液的方式排出体外。过了前 24 小时后便进入了长达几天乃至几个月的拉锯战，这个阶段我们的主要对手是巨噬细胞和上皮细胞，尤其是在没有纤毛覆盖的区域（主要是肺泡内），巨噬细胞吞噬了沉积的兄弟后会用溶酶体进行分解清除，或通过阿米巴运动将被包裹的兄弟运载到纤毛区，由纤毛遣返体外（邓启红，2009；周鑫，2010；欧翠云，2011）。

（二）"我"在消化系统的抢滩登陆

有时候，"我"会附着在食物、餐具表面通过消化系统进入人体，未清洁的手是"我"理想的"运载工具"。同时，一部分被关进痰液中的兄弟也会随吞咽动作有机会进入消化系统。在空气污染的天气用口呼吸也会给"我"进入消化系统提供可乘之机。

一般来说，"我们"一家中的绝大部分成员不会直接引起消化系统的病理反应，而是要通过消化道进入人体的循环系统才会发挥作用。因此，颗粒物兄弟姐妹的一些理化性质会影响他们通过消化道进入血管的难易程度。首先是粒径，与通过呼吸系统的情况类似，"体型"越小的兄弟姐妹越容易通过层层屏障进入血液。粒径小于 20 纳米的兄弟可以穿透肠道屏障进入血液系统，如果粒径为 20 ~ 50 纳米，则通过小肠的营养吸收通道进入人体。极性大小也影响着消化系统对"我们"的吸收，亲油性强比亲水性强的兄弟更容易进入人体。还有一些颗粒物兄弟姐妹会通过与蛋白结合而蒙混过关，被机体吸收。

（三）"我"与皮肤的渗透战

目前，专家们对大气颗粒物是否会通过皮肤进入人体还存在争议，但是已有一些模拟实验能够证明在职业环境下，"我"的颗粒物兄弟姐妹聚集在一起，且浓度较高时，能够穿透角质层、真皮层。

二、"我"如何危害健康

（一）"我"的"十八般武艺"

1. 对呼吸系统的毒性

"我"在突破人体的防御系统进入人体呼吸道后会沉积在气管、支气管、肺泡呼吸区等，甚至可以在支气管、肺泡中驻留数周甚至超过一年。因此，呼吸系统是"我"的重要攻击目标。"我"对人类呼吸系统造成的主要损伤是炎性损伤和氧化损伤。

炎性损伤：当"我"沉积在支气管、肺泡上时，巨噬细胞、肺泡上皮细胞等人体多种免疫细胞会发生应激反应，纷纷被调动来与"我"作战。在战斗过程中免疫细胞释放的多种细胞因子和炎性介质会引起局部的炎症，对周围组织造成损伤。长此以往，慢性炎症会引起人体的肺部出现纤维化（图 4.3）。

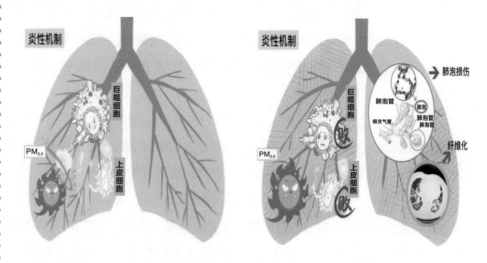

图 4.3　炎性损伤机制

氧化损伤：当"我"进入肺部后还会刺激人体肺部细胞产生过多的氧自由基。这些氧自由基超过机体的抗氧化能力后便会对人体产生氧化损伤。当细胞膜上的脂质受氧化损伤时，就会导致细胞膜通透性异常或细胞膜破裂，从而进一步导致细胞损伤和炎症反应（图 4.4）。

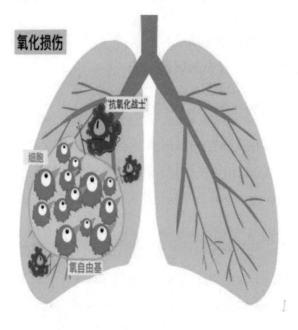

图 4.4　氧化损伤机制

在丹麦哥本哈根和芬兰赫尔辛基开展的一项流行病学研究发现，大气超细颗粒物暴露与儿童哮喘和成人肺炎等呼吸系统疾病导致的急诊和住院治疗有关联（Andersen et al.，2008；Halonen et al.，2008）。另有几项实验结果显示，柴油尾气或浓缩大气超细颗粒物（$PM_{0.1}$）或超细元素碳颗粒暴露引起成年哮喘病患者和健康成年人肺功能下降、肺部炎性反应增强（胡彬 等，2015）。为什么会出现这种情况呢？原来，当"我"从呼吸系统入侵人体时，人类会调动免疫细胞等人体"卫士"率先与"我"战斗，这时上呼吸道的杯状细胞分泌大量黏液以捕获空气中"我"的颗粒物兄弟姐妹们，阻止他们进一步到达肺部，从而起到保护肺部的作用，当这些黏液过多或者过剩时身体就会产生条件反射式的呛咳。除了上面提到的黏性分泌物（痰液）刺激，还有一个重要的原因就是炎症刺激。"我"导致的炎性反应会损伤人体呼吸道最上层的黏膜，使气道的反应性增高从而使咳嗽敏感性增加，引起咳嗽。

2. 对心血管造成损伤

在突破呼吸道、进入循环系统后，"我"也会对人体的心血管组织结构造成损伤。相较于"体型"更大的哥哥姐姐，家族中的"头号杀手"$PM_{2.5}$对心血管的危害性明显更大（Samolie et al.，2013）。

$PM_{2.5}$暴露可导致血液黏稠度升高，促进动脉粥样硬化的发生发展及局部缺血和血栓的形成，并可进一步导致各种严重的心血管事件（Martinlli et al.，2013）。有研究表明，暴露于$PM_{2.5}$中可导致心血管疾病，如心肌梗死、缺血性卒中、心力衰竭、心律失常、房颤等，同时其他外周动脉、静脉相关疾病的发生也增多（Jonathan et al.，2012）。此外，暴露于$PM_{2.5}$中可导致心率变异性下降，血压升高。故$PM_{2.5}$暴露后心血管疾病的发生率和死亡率均增高。

还有一部分可溶性的颗粒物兄弟姐妹在溶入血液后能直接引起人体的血管内皮细胞的功能障碍，可导致局部和系统的炎症反应，刺激机体产生高敏C反应蛋白（Seaton et al.，1995）。C反应蛋白是一种激活免疫系统、强化吞噬细胞的蛋白，会加强巨噬细胞对脂肪的摄取及细胞溶解，增加心血管疾病发生的风险。同时，C反应蛋白还参与了颗粒物诱导的炎性效应以及内皮细胞功能障碍，从而直接参与动脉粥样硬化的发生和进展。

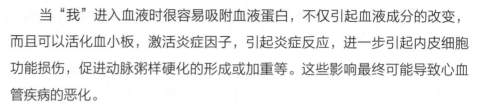

当"我"进入血液时很容易吸附血液蛋白，不仅引起血液成分的改变，而且可以活化血小板，激活炎症因子，引起炎症反应，进一步引起内皮细胞功能损伤，促进动脉粥样硬化的形成或加重等。这些影响最终可能导致心血管疾病的恶化。

"我"还是高脂饮食的好搭档。在高脂饮食的配合下，"我"能加快动脉壁上斑块的形成，显著提升动脉粥样硬化的发生率。

作为家族中的小弟弟，超细颗粒物（$PM_{0.1}$）在破坏心血管系统方面也有特殊的本领，它能够影响血液浓度，造成凝血机制异常（拉多姆斯基·A 等，2005）。小家伙们能激活血小板，大大加快血栓的形成。正常情况下，心脏的节律性活动由窦房结的自律性控制，而窦房结自律细胞的活动受交感神经和迷走神经的双重支配，交感神经和迷走神经间的相互协调维持着正常的心跳节律。小家伙们一旦进入血液后会刺激人体的自主神经系统，导致心脏自主神经控制的失衡，其特点为交感神经兴奋而副交感神经抑制。这种失衡会增加致死性心律失常和急性心血管事件发生的危险度，在高危人群（老年人）中表现得更为严重（王添翼 等，2015），并且超细颗粒还会引起钙稳态的破坏。由此可见"我"在对付人体的心血管方面有许多特殊的本领，需要人类进一步了解和掌握，才能很好地对付"我"。

3. 损伤人体免疫功能

人体的免疫系统可是"我"的宿命之敌。"我"和人类的交锋从"我"还没进入人体之前其实就已经开始了。作为机体的第一道防线，支气管黏膜是"我"和人类交锋的第一战场。"我"可以对支气管黏膜的正常结构形成损伤，进而降低人体免疫力。在"我"与黏膜接触之后，黏膜会出现增厚、出血、水肿等情况，肺泡腔内有单核细胞和中性粒细胞浸润，随着数量的增加，炎性病变会进一步加重。

当$PM_{2.5}$进入机体后，通常会损伤人体免疫系统的功能，通过降低人体的防御能力，使得其他致病因子有了可乘之机，进而使人类患上其他一系列疾病的风险增加。大量空气可吸入颗粒物（PM_{10}）和细颗粒物（$PM_{2.5}$）的流行病学研究表明，它们的浓度增加与人群免疫功能损伤等密切相关。国内外已对"我"家族中的灵魂人物 $PM_{2.5}$ 的免疫毒性从诸多方面进行了研究。它可以通过与不同免疫细胞相互作用，产生不同的信号分子，从氧化损伤、钙信号和细胞凋亡等多个水平对机体免疫系统的结构和功能造成损伤（邱勇 等，2011）。

此外，"我"还有一套手段来专门对付人体的免疫细胞。一方面，"我"会利用免疫细胞产生过多的炎症细胞因子、干扰素以损伤人体；另一方面，"我"还会用自杀性袭击的方式来破坏这些人体内的"战士"，尤其是"我"的老对手肺泡巨噬细胞。虽然"我"的部分兄弟姐妹不幸被巨噬细胞吞噬、捕获、溶解，但是同时也会损伤巨噬细胞自身，阻碍吞噬小体的转运，使巨噬细胞的免疫功能下降（Moler et al., 2002）。所以千万不要小看了"我"哟!

4. 对人体的神经毒性

1）伤害神经系统、脑功能、认知功能

大量研究已经证实了"我"和"我"的颗粒物兄弟姐妹会对神经系统、脑功能以及认知功能造成损害。这是因为空气污染物具有潜在神经毒性，暴露于这些污染物中对中枢神经系统、周围神经系统等均可产生伤害（Brook et al., 2011）。

2）造成神经发育和脑功能障碍

"我"也会造成神经发育障碍与脑功能障碍，如造成人类智力迟钝、注意力缺乏症、脑瘫、自闭症等。这些伤害多集中于儿童、老年人、慢性病患者等易感人群。当然，"我"更容易引起儿童的全身炎症和中枢神经系统炎症反应。这会对童年时期的大脑发育过程形成干扰，增加认知缺陷的风险。金属离子会搭"我"的顺风车进入前额叶，日积月累之下脑中的金属离子也会对大脑造成损伤（周伟 等，1996）。

3）引起中枢神经系统炎症反应

"我"还会引起中枢神经系统发生炎症反应。这与认知障碍、癫痫、阿尔茨海默病、帕金森病等神经退行性疾病有关。"我"长期驻扎于神经系统后，会引起中枢神经系统损伤、阿尔茨海默病与情绪障碍。特别是"我"家族中的 $PM_{2.5}$ 能

够使得阿尔茨海默病的发病过程从青年时期甚至童年时期就开始（Calderón-Garcidueñas et al., 2012）。进入脑中的 $PM_{2.5}$ 会让儿童和青少年额叶样本中负责控制情绪的朊蛋白减少到 1/15，出现阿尔茨海默病相关的神经病理特征。

5. 致癌效应

"我"本身是否致癌并无定论，但是"我"身上往往携带着许多明确有致癌危险的污染物小伙伴。他们有特殊的"武器"使人类更容易患上癌症，如多环芳烃（PAHs）和重金属。

我们不规则、多孔多面的形状有助于富集多种有机化合物类小伙伴，如甲醛、SO_2、NO_2 和 PAHs 等，具有强致突变活性的 PAHs 类有机化合物尤为引人关注。其中，PAHs 类化合物是引起 DNA 损伤的主要成分之一，损伤程度随粒径减小而显著增强。而当细胞内的 DNA 损伤无法及时修复时，就可能会诱发癌症。有调查显示，大气中"我"的颗粒物兄弟姐妹中的 PAHs 含量与居民肺癌发病率和死亡率存在相关关系。

（二）"我"的"生化武器"

从前面的介绍中大家就可以了解到，"我"并不是孤军奋战，"我"往往携带了大量各式各样的"武器"，如各种金属、各种有机化合物以及病毒、细菌等各种生物"武器"（表 4.1）。在进入人体后，"我"和"我"所携带的"武器"的类型最终会影响对人体所造成的损伤类型。例如，"体型"小的颗粒物弟弟们通常比"胖子"更危险，一方面是因为他们更容易进入体内，另一方面也是因为他们表面积更大，可以携带更多的"武器"。

表 4.1　颗粒物的成分及生物学效应（金泰康，2004）

成分类型	主要成分	生物学效应
颗粒物核	含碳物质	诱导肺刺激，上皮细胞增长，长期暴露可引起肺纤维化
金属	Fe、Cu、V、Ni 等	触发炎症，引起 DNA 损坏组织内活性氧诱导产生的细胞通透性改变
离子	SO_4^{2-}、NO_3^- 等	较高浓度的 SO_4^{2-} 会损伤纤毛上皮的清除功能并能增加哮喘患者的气道阻力
有机化合物	多数吸附于颗粒物表面的挥发性、半挥发性有机物	具有致突变作用和致癌作用，有些是能诱导过敏的刺激物
生物源性	病毒、细菌及其内毒素、真菌孢子等	植物花粉能触发敏感个体气道的过敏反应
活性气体	O_3、过氧化物、醛（RCHO）等	可吸附在颗粒物上并被转运至下呼吸道引起呼吸道黏膜损伤

"我"往往吸附或本身带有一定量的重金属，如 Pb、Cd、Hg、Ni 等与 Ca^{2+} 具有类似的原子半径，能够在质膜、线粒体或内质网膜的 Ca^{2+} 转运部位上与 Ca^{2+} 发生竞争，进而导致细胞内钙稳态失调。换句话来说，就是"我们"会去霸占 Ca^{2+} 的位置，让转运物质以为"我们"是 Ca^{2+}，把我们转运进入细胞内。这样细胞内就没有足够的 Ca^{2+}，整个细胞的 Ca^{2+} 的状态就不稳定了，从而严重地破坏心血管系统。

"我"家族中的 PM_{10} 所吸附的 PAHs 是对机体健康危害最大的环境三物质（致癌、致突变、致残），其中苯并（a）芘能诱发皮肤癌、肺癌和胃癌（Viggoti，1996）。

带有铅的小颗粒物弟弟妹妹（粒径为 1 微米）在肺内沉着后极易进入血液系统，大部分可以与红细胞结合，小部分形成铅的磷酸盐和甘油磷酸盐，然后进入肝、肾、肺和脑，几周后进入骨内，导致高级神经系统紊乱和器官调解失能，表现为头疼、头晕、嗜睡和狂躁严重的中毒性脑病（赵伦，1997）。

（三）"我"对心理产生的影响

"我"对人的心理产生影响主要来自两个方面：一方面是由"我"对神经系统损伤间接导致的；另一方面是由于"我"对人们的视野遮蔽、出行限制等特性而直接引起的。"我"引发焦虑、抑郁情绪还与个体的主观幸福感受损有关。主观幸福感是负面情绪的重要保护因子，对空气污染威胁的担忧、恐惧会降低个体的主观幸福感，使得个体更容易受到负面情绪的影响。

空气污染会降低主观幸福感，导致焦虑、抑郁情绪，甚至增加自我伤害的风险。已有研究发现，空气污染与抑郁之间存在关联，而对具体的大气污染物暴露的影响研究却相对较少。现有的流行病学研究主要涉及的大气污染物包括颗粒物（$PM_{2.5}$、PM_{10}）和气态污染物（SO_2、NO_2、CO 和 O_3）等（石婉荧 等，2018）。不同的污染源影响认知与心理健康的生理机制是不同的。除生理机制，空气污染也会通过媒体表征间接地对个体或群体产生心理影响，且影响的严重性程度与社会脆弱性、心理韧性有关。

部分大数据层面的研究都说明了"我"与自我伤害行为有密切的相关性。在"我"大发脾气的时候，各地的自杀率都有一定的升高。"我"大多是强烈的炎症剂，可以引发前额皮质出现炎症和组织损伤，神经炎症会破坏血脑屏障，是引发中枢神经系统疾病产生的一个关键因素。神经炎症也可造成脑血管内皮损伤，导致血管性抑郁的进一步发展，从而增加自杀风险（Wagner et al.，2014）。

除了生理机制，"我"还会通过"媒体表征"途径对个人和群体产生心理影响。媒体的反复强调、有失偏颇的对比反而成为"我"的帮凶。公众在媒体营造的焦虑氛围中可能会产生生态焦虑，生态焦虑的症状包括无端恐惧症、食欲不振、暴躁、虚弱以及失眠等（Nobel，2007）。

综上所述，"我"对人体健康造成的危害是多个方面的，人类需要采取科学有效的措施才能减少"我"造成的影响。

第二节 科学防护措施

一、普通公众的科学防护

人类为了更好地防范"我"，绞尽脑汁想出了各式各样的方法，从各种防护用品到多种多样的治理措施。

（一）佩戴口罩

口罩是对付"我"最简单有效的武器，它对进入肺部的空气有一定的过滤作用。在"我"严重扰乱人类生活时，人们迫不得已使用了口罩，但是有的口罩隔离"我"有效，有的却基本无效。口罩是否有效，最重要是要看口罩的阻尘效率。

口罩的阻尘效率是以其对微细粉尘，尤其对 2.5 微米以下的呼吸性粉尘的阻隔效率为标准。因为这一粒径的粉尘能直接进入肺泡，对人体健康造成的影响最大。在雾霾天时，哪种口罩最好用，又如何区分呢？日常生活中常见的棉布口罩、医用无纺布口罩、活性炭口罩和防尘口罩等的功能是不同的，只有使用正确的方法佩戴正确的口罩，才能将"我"拒之体外（图 4.5）。

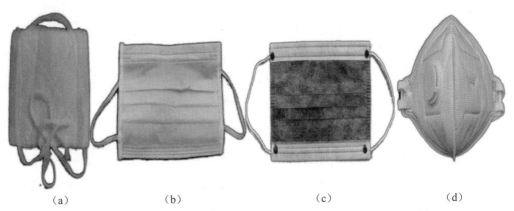

（a）　　　　　　　（b）　　　　　　　（c）　　　　　　　（d）

图 4.5　棉布口罩（a）、医用无纺布口罩（b）、活性炭口罩（c）、防尘口罩（d）

棉布口罩：主要功能是防寒保暖，避免冷空气直接刺激呼吸道。棉布口罩透气性好，但是它的防尘防菌效果几乎没有，如果在流行病高发期和雾霾天气时，棉布口罩不能发挥作用。

医用无纺布口罩：医务人员使用的比较多，可以有效防菌，但仅限于防止喷射造成的病菌感染，如可以防止打喷嚏造成的病菌传播。但是由于其贴合性差，不能起到防尘的作用。

活性炭口罩：顾名思义，这种口罩添加了具有吸附作用的活性炭层，但活性炭层只是增加了对异味的滤除作用，并不能增加对颗粒物的防护效果。而且活性炭层密闭性好，会使呼吸变得困难，长时间佩戴会导致缺氧。

防尘口罩：也就是防霾口罩，一般都是杯型，能够有效地贴合在口鼻部位，从而达到防尘的效果。防尘口罩可以分为外科手术口罩、工业防尘口罩及 N95 口罩等。

接下来重点介绍一下防尘口罩。

> N 型号口罩：防护非油性悬浮颗粒，无时限。
>
> R 型号口罩：防护非油性悬浮颗粒及汗油性悬浮颗粒，时限为 8 小时。
>
> P 型号口罩：防护非油性悬浮颗粒及汗油性悬浮颗粒，无时限。

由于有些颗粒物的载体是有油性的，而这些物质附在静电无纺布上会降低电性，使细小粉尘穿透，因此对防含油气溶胶的滤料要经过特殊的静电处理，以达到防细小粉尘的目的。所以每个系列又划分出了 3 个水平：95%、99%、99.97%（即简称为"95""99""100"），共有 9 小类。

而被大众所熟知的主要是 N 这个类型的口罩，这里重点给大家介绍一下。N95 口罩是美国国家职业安全卫生研究所（National Institute for Occupational Safety and Health，NIOSH）认证的 9 种防颗粒物口罩中的一种。N 表示防尘，95 是指数，在标准规定的检测条件下，过滤效率达到 95%。NIOSH 认证的其他防颗粒物口罩级别还包括：N99、N100、R95、R99、R100、P95、P99、P100。这些防护级别都能够覆盖 N95 的防护范围，即都能有效阻挡 $PM_{2.5}$。所以在雾霾天气，要想抵御"我"的侵扰，普通的防尘口罩效果甚微，因为它只能阻挡粒径较大的颗粒物，只有 N95 及以上型号的口罩才能有效阻挡 PM$_{2.5}$。

那么，是不是过滤效果越高的口罩就越理想呢？当然不是。事实上过滤效果越高，佩戴者通常感到的呼吸阻力就越大。当吸气阻力过大时，人就会感到头晕、胸闷等不适状况，长时间佩戴高呼吸阻力口罩也会对身体健康产生不利影响，即使是适合的口罩，也不能长期佩戴。另外，N95 口罩不适合小孩、老人或心脑血管疾病患者佩戴。还有一些口罩带有呼吸阀，可以使呼吸更顺畅，并且不会降低对颗粒物的防护效果。从口罩的佩戴方式来说，有耳带式、头戴式两款，耳带式适合短时间佩戴，头戴式适合长时间佩戴，要注意两种佩戴方式的气密性，气密性越好，外部的空气越不易进入呼吸道，对"我"的防护效果就越好。不过，会不会有人认为霾天带个防毒面具最好呢？真的不用这么夸张。

此外，使用口罩，还有一个不能忽视的细节，那就是气密性。气密性好的口罩，"我"完全没有机会进入人们呼吸的气体里，因为气密性好的口罩可以直接把"我"拒之门外。但让"我"感到高兴的是，一些人带的口罩的气密性很差，口罩也根本就没有贴服在脸上，这时"我"就可以顺利地通过各个细缝钻进他们的身体，让他们带的口罩形同虚设。

□ 一方面，口罩外部吸附了颗粒物等大量污染物，会造成呼吸阻力的增加，引起不适的感觉。

□ 另一方面，口罩内部也会吸附呼出气中的细菌、病菌等，如不注意及时更换，会造成二次污染。因此，全天佩戴口罩是不正确的，到室内就可以摘掉。

（二）开窗有讲究

当"我"发脾气时，尽量不要开窗，确实需要开窗透气的话，也应尽量避开"我"发作的高峰时段，正确的做法是将窗户打开一条缝隙短时间通风。室内空气净化设备的使用也能有效地防止"我"入侵生活区域。

（三）避开人群

雾霾天气出行时应避开主干道路，尽量别去人多的地方，如超市、商场和医院等空气不易流通的地方，"我"容易搭载病原体，造成呼吸系统疾病交叉感染。

（四）停止户外锻炼

雾霾天气时应尽量避免进行暴露在户外的运动。运动时呼吸深度加深、强度增大，更容易将"我"送进肺泡中。运动产生的高心率、血液的高流速也会增加"我"的毒性。

（五）注意个人清洁

迫不得已在雾霾天出门时，应及时脱去外套，勤洗手、脸，条件允许的话可以用盐水清洗鼻腔。

二、易感人群的科学防护

"我"无孔不入，那些相对脆弱的个体更应该做好防护措施，避免"我"的肆意妄为。特别是下列人群，记得在"我"出现时，做好保护工作。

（一）孕妇

孕妇长期处于高浓度的$PM_{2.5}$环境中，会影响胎儿的发育，导致新生儿头围小，体重过轻，甚至会影响胎儿的大脑发育，导致智力降低。有研究表明，"我"的小兄弟$PM_{2.5}$与死亡率升高之间的相关性比PM_{10}要高，$PM_{2.5}$吸入量每增加10微克/米^3，婴儿早产死亡率增加1%；对已出生儿童，则会造成智力受损。

《美国流行病学杂志》的一项研究表

明，妇女在怀孕期间吸入被污染的空气，日后所生出的孩子更有可能患上心脏方面的疾病，首次确认空气污染与新生儿心脏疾病有某种关联。由此可见，"我"对新生宝宝的危害有多大。美国加利福尼亚大学与加利福尼亚州生育缺陷监控项目组的研究人员曾对1987~1993年出生的9000名新生儿进行的跟踪研究发现，妇女在妊娠期间，特别是怀孕的第2个月，在含有污染物的空气中待的时间越长，生育的孩子患上严重先天心脏疾病的可能性就越大。研究还发现，在严重污染的空气中生活的孕妇，其孩子患上心脏疾病的可能性是呼吸清新空气的孕妇所生孩子的3倍。在美国，遭受空气污染影响的孕妇所生的孩子容易患上肺动脉和大动脉方面的疾病。这些孩子通常要通过手术才能痊愈。

此外，环境污染可能干扰正常胚胎发育过程。美国一项研究显示，母亲孕期环境烟尘污染危害胎儿大脑发育，进而可能影响儿童学习表现。这是因为在雾霾天气中，"我"有一个重要伙伴叫多环芳烃，会通过胎盘传给体内的胎儿，严重影响胎儿的智力发育。长期处于严重污染的空气环境中，宝宝出生后会出现焦虑、抑郁及注意力缺陷等症状，其发病率远高于正常水平，患自闭症的可能性更是普通儿童的2倍。

因此，孕妇在雾霾天气应该尽量减少出门，出门戴上口罩，但最好不出门。还应该注意个人卫生，勤换洗衣服，多喝水，合理开窗。

需要特别说明的是，孕妇选择佩戴防护口罩，应注意结合自身条件，并选择舒适性比较好的产品，如配有呼气阀的防护口罩，降低呼气阻力和闷热感。长期呼吸严重污染的空气或盲目佩戴口罩都可能影响胎儿的健康发育，因此建议空气质量指数在150以内时，孕妇外出不要戴口罩；超过300时应避免出门；如果确需出门，建议只选戴呼气阀在正面（不可折叠）且防护等级不高于N95（或相当于）、口罩杯体相对较大的口罩，如无必要（如不是对尾气或二手烟中的异味敏感），也不用选这类口罩中含活性炭层的款式。佩戴口罩前，孕妇也应向专业医师咨询，确认自己的身体状况是否适合佩戴口罩。

（二）婴幼儿

紫外线是空气中细菌和病毒的天然杀手，当"我"遮挡阳光中的紫外线时，会使得空气中的致病微生物活性大大增强。儿童的呼吸道相比成人来说抵抗力和免疫力较低，雾霾天更容易造成儿童呼吸道感染性疾病流行。"我"身体上还携带了很多有害物质，一旦被儿童吸入，就会刺激呼吸道黏膜，引起呼吸系统的各种疾病。其中，短期最常见的是呼吸道感染和过敏性疾病，包括急性上呼吸道感染、喉炎、支气管炎、肺炎、支气管哮喘、过敏性鼻炎等；长期还可导致肺癌发病率上升。

同时，因为"我"的存在，还会增加婴幼儿佝偻病的发病率。儿童骨骼的生长发育需要一定的阳光照射，以利于皮肤中的物质转化为具有活性的维生素 D。当"我"遮挡阳光时，人体产生的活性维生素 D 就会减少，进而影响钙的吸收和骨骼的生长发育，儿童会多汗、烦躁，哭闹不安，免疫功能下降，严重者会出现方颅、鸡胸、漏斗胸、X 型腿或 O 型腿等病症，甚至导致佝偻病。

"我"会影响儿童体内的激素水平，当某些能保持活力的激素减少时，父母会觉得孩子非常倦怠、无力、不活泼，甚至会出现食欲不振等现象。"我"还会影响儿童的情绪，当处于昏黄阴暗的环境时，儿童身体中的松果体会分泌许多的松果体素，使得甲状腺素、肾上腺素的血浓度降低。甲状腺素、肾上腺素等是唤起细胞工作的激素，一旦减少，细胞就会"偷懒"，变得极不活跃，使儿童精神不振，缺乏活力。

虽然"我"会对儿童造成这么多危害，但专家仍然建议不要随意给婴幼儿戴口罩。一方面婴幼儿处在生长发育阶段，现有的防护口罩的标准虽然考虑到人佩戴口罩对呼吸阻力的耐受性，但这些指标是否能套用在孩子身上，现在科学界还没有定论。而且儿童的脸型小，口罩无法密合就起不到应有的效果。严丝合缝的口罩虽然能够将"我"挡在呼吸系统之外，但是脸与口罩之间形成密闭区域，氧气交换率也会降低，而婴幼儿呼吸系统、脑神经均尚未成熟，比起成人会增加更多缺氧、窒息的风险，而且可能带来发育上的长期损害。同时，婴幼儿手、脑的协调性差，好奇且对危险缺乏识别意识和能力，这类会直接封住嘴、鼻的织物，有无法忽视的、可能导致窒息的风险。有一些父母为孩子选择了布口罩，这些布口罩多以保暖为目的，在防护"我"带来的危害方面是远远不够的。因此，儿童在雾霾天减少室外活动是最主要的防护方式。

（三）老年人

老年人机体抵抗力弱，通常患有基础病。"我"存在的空气中含有大量的灰尘、颗粒会刺激呼吸道，容易引起呼吸道刺激症状，所以老人更要注意防护。

老年人机体功能减弱，更容易受到污染物的影响。老年人呼吸道黏膜萎缩，分泌机能减低，喉头的防御反应也较迟钝，吞噬细胞的功能、支气管分泌免疫球蛋白的功能都减弱。老年人肺部弹性减低，呼吸肌收缩减弱，肺活量减少，每次呼气后肺内残留的气体增多，咳嗽的力气较差，痰液不易咳出。同时，老年人的心血管功能也下降。由于"我"存在时气压低，空气中的含氧量下降，而老年人的心肌细胞萎缩，心脏泵效率下降，脑部容易供血不足，尤其是在空气潮湿寒冷的清晨，当老年人从温暖的室内走到寒冷的室外时，由于室外的气温比较低会导致血管收缩，容易导致血管痉挛、血压波动、心脏负荷加重和心肌供血不足等症状，严重者甚至造成脑出血、心肌梗死等心血管意外。

当"我"在空气中聚集时，建议老年人尽量避免出门，停止户外锻炼。因为在锻炼时呼吸加深、血液循环加快，"我"有更多的机会进入肺部深处、对人体造成更多伤害。许多老人喜欢晨练，但是早晨恰恰是一天中"我"最为肆虐的时段。在"我"的持续侵入下，老年人心肺系统极易受损，特别容易出现气短、胸闷、喘憋等不适症状，甚至发生哮喘、结膜炎、皮疹、心血管系统紊乱等疾病。在雾霾天里，老年人还应该多喝水，多吃富含维生素 A、维生素 C 的果蔬，注意合理作息以减轻身体负担。

（四）户外作业人群

在雾霾环境下进行户外作业时，户外作业人员由于运动量增加，人体与环境的气体交换相应增加，因此吸入的污染物也会增加。据调查显示，在污染严重的街道上运动 2 小时会使参与者的用力肺活量和 1 秒用力呼气容积出现显著降低，而在空气质量好的公园里运动则不会产生这种情况。

大多数企业对这些长时间暴露在雾霾天里的劳动者没有相应完善的保护措施。即使有企业为劳动者发放了口罩，许多劳动者由于缺乏保护意识或认为不便于工作，仍然弃之不用，直接暴露在霾的损害当中。

2015 年修订的《职业病危害因素目录》将职业病危害因素分为粉尘、化学因素、物理因素、放射性因素、生物因素、其他因素 6 类，共 459 项。但 $PM_{2.5}$、长期接触电脑等新因素并未被纳入职业病危害因素范畴。尽管如此，"我"对户外作业人员身体造成损伤是毋庸置疑的。

三、慢性病患者的科学防护

（一）呼吸道疾病患者

"我"的兄弟姐妹形态各异，都是潜在的载体，颗粒物越小，比表面积越大、越容易搭载致病菌，且能进入呼吸道的位置就越深。对雾霾颗粒物上菌群的研究发现，空气颗粒物上附着的细菌种类有 31 属，其中的优势菌种为链球菌属、芽孢杆菌属、葡萄球菌属和微球菌属。

雾霾环境中，人们上呼吸道感染的风险大大增加。这是因为一方面"我"会损伤人体的非特异性免疫屏障，触发炎症反应，从而影响特异性免疫，另一方面致病菌在"我"身体上可以长时间存活并保持毒力。在"我"喜欢光顾的地区，鼻炎、咽喉炎、支气管炎的患病率也会大大上升。在空气质量差的地区，鼻炎往往是发生最为普遍的因空气污染引起的疾病。鼻炎本身的症状并不严重，但久治不愈的鼻炎可能会转化为鼻窦炎、鼻息肉乃至鼻腔肿瘤，导致鼻纤毛大量死亡而降低鼻腔排毒能力，有害物停留鼻腔，造成鼻黏膜损伤。鼻炎的炎症部位会分泌大量脓性物质，即鼻涕。鼻涕里含有大量病菌和致炎物质，由于过于黏稠，鼻纤毛无法及时运送出去，鼻涕在鼻腔内堆积导致鼻腔炎症不断恶化，容易引发鼻窦炎，同时更容易引起感冒，形成鼻炎→感冒→鼻炎加重→

更易感冒的恶性循环。这些含有大量致炎物质的鼻涕会被鼻纤毛运送到鼻咽处，由于过于黏稠，无法滑入胃中进行灭菌，就附着在鼻咽、咽喉处，里面的致炎物质刺激咽喉软组织，进一步引发咽喉炎。因此，要预防呼吸道感染，在"我"存在的天气应该注意保暖、远离人群聚集场所、常洗手、注意通风，为了更好地预防流感，应该及时接种当季的流感疫苗。

"我"会引起哮喘发作，诱发或加重慢性支气管炎等。这是因为雾霾天气时，大气污染程度较平时重，空气中悬浮着的各种粉尘上可能又搭载着各种过敏源，哮喘患者吸入这些过敏源，就会刺激呼吸道，出现咳嗽、闷气、呼吸不畅等哮喘症状。

据中国哮喘联盟发布的一份报告显示，全国哮喘病患者多达 3000 万人，哮喘患病率高达 1.24%。2010 年进行的全国哮喘流行病学调查显示，哮喘的患病率呈上升趋势，患病率平均为 2.32%，在工业化程度较高的上海，哮喘的患病率为 5.73%；而在污染不严重的城市拉萨，哮喘的患病率仅为 0.42%。在众多的哮喘病患者中，儿童就有 600 万人，发病率为 1.97%，这就意味着每 100 名儿童中就有 2 名患有哮喘。患有哮喘的病人在雾霾天中易产生急性发作，值得一提的是儿童哮喘患者由于身高较低，呼吸系统发育并不完全，更容易受到影响。此前，香港的一项研究证实，大气污染程度加重与过敏性哮喘患者的住院率增多有显著相关性。空气中 SO_2 增至 10

微克／米^3，则入院相对危险性系数为 1.017，当空气中 SO$_2$ 每增加 10 微克／米^3，病人过敏性哮喘急性发作住院比例则增加 3.3%，CO、O$_3$、大气飘散颗粒物可使过敏性哮喘患者住院比例分别增加 5.5%、5.9%和 3.0%。因此，这 4 种大气污染物质是使过敏性哮喘恶化的重要因素。

因此，有哮喘病史的人在雾霾天气应尽量减少外出或在外出时佩戴口罩，确定并避开自身的过敏源，限制运动量，避免过度劳累和精神紧张、刺激，咳嗽胸闷需及时就医，防微杜渐。

（二）糖尿病患者

中国多所大学和研究机构参与的《中国健康与养老追踪调查》在 2016 年公布了一项最新结果："我"与糖尿病的发病率呈线性相关。在中国，PM$_{2.5}$ 浓度越高的地区，人均血糖值越高，糖尿病患病率也越高。美国波士顿大学的一项研究也发现，相比于住在空气清新地区的妇女们，住在汽车尾气污染严重地区的妇女们得糖尿病的概率高了 25%。

对已经患有糖尿病的患者，雾霾天潜藏着更多危害。因为"我"诱发的炎症反应由肺部扩散至血管和其他组织时，会使人体出现胰岛素抵抗。有研究表明，空气中 PM$_{10}$ 每增加 6 微克／米^3，会导致胰岛素抵抗率增加 19%。这其中的罪魁祸首是汽车尾气中的氧化氮。颗粒中的氧化氮等化学物质被吸入人体循环后，会刺激肺部神经，进而影响全身神经系统的平衡，除了会诱发 II 型糖尿病患者全身的炎症反应，还可能会导致血液滞缓，形成血栓，增加糖尿病人患血管并发症的概率。同时，由于"我"的出现导致日照减少，使得人体内维生素 D 生成不足，对钙的吸收也就大大减少。同时，由于糖尿病患者本来就存在血液中的胰岛素水平偏低或胰岛素作用不足的现象，容易引起糖、脂肪、蛋白质及矿物质代谢紊乱，从而影响骨组织代谢及调钙激素失衡，导致机体的缺钙。因此，糖尿病患者比非糖尿病患者更容易发生骨质疏松，如果发生骨折，其伤口愈合也较慢。

所以，糖尿病患者在雾霾天时也应减少外出活动，如需出门要戴口罩，有条件的家庭，建议家中长期使用空气净化器；在空气质量较好的时期，可以适量增加室外活动；注意饮食结构，必要时可补充一些维生素 D；按时服用降糖药物，监测好自己的血糖情况，使血糖控制在正常范围内；保证生活起居的规律性，保证充足的睡眠，可在室内适量活动，保证水的摄入量，并保持良好的情绪。

（三）高血压患者

一篇发表在《欧洲心脏杂志》上的论文证实了长期接触污染空气和患高血压风险增加之间的联系。这种风险堪比超重带来的对高血压的影响。在研究的 41072 名参与者中，没有一人在研究开始前患有高血压，但在随后的时间里（至少 5 ~ 9 年），50% 的参与者已经患上高血压或者在接受控制血压的治疗。对于那些居住在"我"存在最

严重区域的人来说，空气中污染物的含量每增加 5 微克 / 米³，他们患高血压的风险就会比那些住在污染程度稍轻区域的人高 22%。

首先，当"我"进入人体后所导致的全身性的炎症会损伤血管并导致血管内皮功能异常，动脉硬化程度增加，影响血压；其次，吸入的污染颗粒会自行在肺部寻找受体，影响神经系统，尤其是交感神经系统，而交感神经与高血压有着明确且直接的联系，交感神经兴奋会引起血压升高、心率加快；再次，雾霾天由于能见度低，人们的主观舒适度差，容易产生烦躁的感觉，血压也就自然有所增高；最后，污染颗粒可以直接进入血流，从而让血管被炎症和氧化压力摧毁，并导致血管功能不足。

高血压患者在"我"肆意妄为的雾霾天，更应该管理好自己的血压水平，保证血压控制在正常范围内（140/90 毫米汞柱），并减少室外活动，合理开窗，应戒烟、戒酒，饮食宜清淡，可进食高维生素、高纤维素、高钙低脂的食物。

（四）心脏病患者

心脏病患者对"我"尤其憎恨，因为雾霾天会加重病情，如心衰病人呼吸困难或短促时，心衰会更严重。哈佛大学公共卫生学院表示，雾霾中的颗粒污染物不仅会引发心肌梗死，还会造成心肌缺血或损伤。

2013 年 2 月 20 日，《欧洲心脏杂志》刊登的一项研究结果表明，"我"的核心成员 $PM_{2.5}$ 小兄弟与心脏病的死亡率有正相关关系，$PM_{2.5}$ 浓度越高，心脏病患者的死亡率也越高。悬浮颗粒物短期（几小时）暴露可导致急性心肌梗死事件增加。$PM_{2.5}$ 的长期暴露可增加缺血性心脏病死亡率；PM_{10} 浓度的升高，心肌梗死后的不良事件（死亡、再发心梗、因心衰住院）发生风险显著增高。冠心病患者对悬浮颗粒物所致心脏缺血事件敏感性更高。

心脏疾患多伴有高血压、高血脂等基础疾病，所以有高血压、高血脂等疾患的人更应在雾霾天保护好自己，保持低盐低脂饮食，定期监测血压及血脂水平，最好不出门，更不宜晨练。

（五）肺癌患者

致癌物质按因果关系明确程度分为 4 级，分别为一级"明确致癌物"、二级"可能致癌物"、三级"无法确定致癌物"、四级"不太可能致癌物"。雾霾中 $PM_{2.5}$ 是人类标明的一级致癌物，即世界卫生组织以及目前已有足够证据表明空气污染和癌症（肺癌）有直接的因果关系。

肺癌的潜伏期从几年到几十年不

等，年龄小的孩子患肺癌很可能和遗传因素、基因突变有关。不过，和成人相比，儿童的身高决定了其受汽车尾气以及马路粉尘的影响更大。因为儿童的呼吸带正好处于尾气高度附近，加之儿童单位体重的呼吸暴露量比成人高，导致其易感性更高，所以受尾气、雾霾等污染气体的影响更大。同时，儿童的身体各器官没有发育完全，污染气体侵袭造成的伤害也更大。因此，肺癌患者在雾霾天时最重要的保护方式是尽量减少户外活动，可在家适量运动，保持良好的情绪，在饮食上多进食富含维生素的食物，适量补充蛋白质，减少脂肪的摄入量，如特殊情况需户外活动，一定要正确佩戴有防霾作用的口罩，回到室内脱去外衣，清理鼻腔及暴露在外的皮肤、头发等。

四、环境设备防护

"我"的到来会给人类带来困扰。当他们看到混浊的空气时，都不敢自由地畅快呼吸，为了保护自身安全，人类尝试了很多手段减少"我"的干扰和危害。

（一）空气净化器

普通的公众会在"我"发脾气的时候使用空气净化器。空气净化器又称空气清洁器或空气清新机等，是指能够吸附、分解或转化各种空气污染物（一般包括 $PM_{2.5}$、粉尘、花粉、异味、甲醛之类的装修污染、细菌、过敏源等），有效提高空气清洁度的产品。

在相对封闭的空间里，空气污染物的释放可不是一时半会就能完成的，它们可以持久地、不确定地排出来，如甲醛可以从劣质家具板材中持续释放十几年。因此，使用空气净化器净化室内空气是国际公认的改善室内空气质量的方法之一。针对"我"带来的灰蒙蒙的空气，人类不断改进空气净化器去除 $PM_{2.5}$ 的技术。目前，人类用得较多的几类技术可分为机械滤网式、高压静电集尘式和负离子式空气净化器等。一起来看看它们的具体功能吧。

机械滤网式：市面上最主流的空气净化器种类。这种空气净化器原理很简单，就是风机把室内空气抽进机器内经过滤网［目前常用的是高效空气过滤网（high efficiency particulate air filter，HEPA）］的层层过滤后再由风机排回室内，是一种纯物理过滤方式。滤网的材料、密度、性能等决定了这类空气净化器对污染物的净化效果，但它附带的噪声污染是无法避免的。因此，滤网式的空气净化器不可避免地面临滤网更换问题、噪声问题、能耗问题以及成本问题。

高压静电集尘式：这种方法换了一种思路，它是利用高压静电吸附的原理去除空气中的微粒污染物，能耗相对较低。最大好处是即使是非常细小的颗粒也能吸附得很好，空气净化效果不错。缺点是一次性投入高，性能不稳定，有微量臭氧（O_3），有一定安全隐患。集尘模块需要定期清洗，不然就丧失了集尘能力。虽然市场上高压静电集尘一向以"节约耗材"或"不用更换耗材"为宣传卖点来吸引消费者，是因为高压静电集尘不用对滤网进行更换，但是需要定期循环清洗集尘装置。如果在"我"严重发火的天气，高强度连续使用 1～2 周就需要清洗一次，清洗频率高，而且随着使用时间的增多集尘效果会降低。如果长期使用会造成二次污染。为保证效果，静电过滤式前端要加上粗滤网，后端要加上活性炭和中滤网，吸碳粉、吸臭氧剂，这些耗材并不是全部不用更换，综合成本可能会更高。

负离子式：其净化原理是通过负氧离子与空气中的颗粒污染物结合，凝聚成团，沉降到地面，从而达到净化空气的效果。负离子式防 $PM_{2.5}$ 净化器以空气负离子为净化因子，负离子利用自身活性快速扩散至空间内各个角落对空气中的各类污染物进行有效净化，摆脱了传统空气净化器对滤网和风机的依赖。USEPA、WHO 等机构通过大量实验证实，负离子不但能够高效去除 $PM_{2.5}$，还能净化小至 0.001 微米的细微颗粒物。

目前，最主流的应用方式是机械滤网式和高压静电集尘式，但是仔细研究现在行业里面的知名品牌就会发现一个有趣的现象，有些企业坚持高压静电集尘式，有些知名品牌则是坚持全都选择机械滤网式。当然，萝卜白菜，各有所爱。但最安全的还是机械滤网式。

北京市卫生和计划生育委员会建议大家挑选空气净化器时注意以下 3 点。

第一，要明确使用目的，要选购对 $PM_{2.5}$ 有净化效果的净化器。

第二，要关注净化器的性能指标，根据国家标准，一台真正有效的空气净化器要做到能效指标"三高一低"，即高洁净空气量、高累计净化量、高能效值、低噪声量。

第三，空气净化器要达到净化效果，必须根据房间面积、净化器的功率和净化效率等情况购买。

（二）除雾霾塔

从政府层面来说，他们投入巨资开展对"我"的研究，促进科技发展，开发了多种对付"我"的手段和武器，如在西安，中国人建立了世界首座除雾霾塔。

该塔是世界上第一个利用光能及过滤技术进行空气净化的建筑结构，建筑面积约为 2580 平方米，高 60 米，主体由空气导流塔和玻璃集热棚两部分构成。

该大型太阳能城市空气清洁综合系统是利用空气热升冷降的特点，在系统内加装过滤 $PM_{2.5}$ 和光催化材料，通过导流塔输出清洁空气，进而实现自动净化除尘的功能。

它的主要工作原理是"集热+聚气+除霾+净空气扩散"。塔基周围的集热棚表面采用光催化涂层玻璃，并在底部铺设碎石来起到白天收集热量及反射部分太阳光，夜间主动散热的作用加热空气，而受热的空气通过导流墙进入到导流塔内形成气流流动，此时，气流中的气态污染物首先通过过滤装置滤除颗粒物，其次利用集热棚表面光催化薄膜涂层降解污染气体，最后通过塔顶端进入空气中，达到净化空气的目的。

除雾霾塔效果究竟如何呢？2018 年 4 月 17 日，中国科学院地球环境研究所的专家召开了空气净化塔（除雾霾塔）项目阶段进展通报会，经过了一年多的试验之后面向社会公布它的除霾效果：在塔内对空气的过滤效率可以达到 80% 以上；重污染天对空气的日处理能力可达 500 万立方米；目前整个除雾霾塔可以对方圆 10 平方公里，

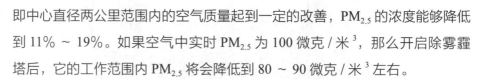

即中心直径两公里范围内的空气质量起到一定的改善，PM$_{2.5}$的浓度能够降低到11%～19%。如果空气中实时PM$_{2.5}$为100微克/米^3，那么开启除雾霾塔后，它的工作范围内PM$_{2.5}$将会降低到80～90微克/米^{3}左右。

虽然现在这座除雾霾塔的效果很有限，但它毕竟为城市除霾提供了一种可能性。它是国内外首次提出大型城市空气清洁的概念，并成功建造和运行的城市空气净化装置。

详情请扫描右方二维码查看。

146

五、科技治霾技术

除了除雾霾塔，人类还有很多对付"我"的先进技术和手段，这些技术既有源头检测管控技术，也有空域治理技术和地面局域治理技术等。他们的宗旨是：技术手段无论是"高大上"还是"接地气"，只要能打败"我"，就是好技术。

从企业层面来说，中国的各大环保企业竞相开发出新技术来向"我"开战，打得"我"节节败退。表4.2列出了近年来中国主要除霾技术。

表4.2 中国主要除霾技术

项目名称	关键技术和措施	优点
源头检测管控技术		
全国空气质量高分辨率预报与污染控制决策支持系统	通过溯源（伴随）模式，用超级计算机系统计算出不同时段、不同区域的各个污染源对目标区域污染浓度的贡献率，实现大气污染的精准溯源，在此基础上实现基于自然控制论的动态优化控制，为有针对性地减排限排提供定量的决策依据	可实现与预报同步的定点定量大气污染溯源和进行动态优化控制，对大气污染控制措施的代价和效益进行评价
大气颗粒物监测激光雷达（双镜微脉冲激光雷达）	激光器发射脉冲激光进入大气后，与大气中的颗粒物相互作用，获取气溶胶粒子在大气中的时空分布。集合全球卫星定位系统，可实现定点定向探测、定点扫描探测、走航垂直探测、走航扫描探测，自动保存探测区域的同步影像资料	定点定向探测、定点扫描探测、走航垂直探测、走航扫描探测，并自动保存探测区域的同步影像资料
VOC光氧废气治理系统	通过光氧催化及活性炭吸附将废气分子从常态变为高速运动状态，再利用高能C波段粉碎分子链结构处理，将恶臭物质改变成低分子无害物质或水和CO_2等，能处理氨（NH_4）、硫化氧、甲硫醇（CH_4S）、甲硫醚（C_2H_6S）、苯（C_2H_6）、苯乙烯（C_8H_8）、二硫化碳（CS_2）等高浓度混合污染气体	净化技术可靠稳定，使用简洁方便，无须日常维护，只需接通电源，即可正常工作，是漆雾废气处理的最佳选择
内循环木工打磨除尘系统	过滤腔顶端设置风机进行抽风，集成集尘腔和分离过滤腔处理，通过负压风机让过滤腔产生负压吸力，过滤腔内采用阻燃滤袋进行过滤，在滤袋的上方设置高压脉冲清灰系统及消防系统	内循环木工房过滤后的空气可以在车间内直接排放，占地面积小，减小了对周边环境的噪声和空气的污染

项目名称	关键技术和措施	优点
ZE-PCA300 大气颗粒物源识别在线分析仪	该仪器采用偏振光散射测量技术,是国际首创实现对单颗粒物的粒径、形貌、光吸收 3 类物理属性同步检测,粒径检测范围为 0.5~10 微米,浓度测量范围每立方米为 0~1500 微克,时间响应速度在分钟级别,能在线测量大气颗粒物中机动车尾气、燃煤、生物质燃烧、扬尘等主要污染来源颗粒物的占比	全程无须人工干预,适用于大气颗粒物在线、快速源解析领域
颗粒物源解析技术	采用 PMF 模型分析对 $PM_{2.5}$ 的主要来源和贡献进行研究;SO_2、NO_2、CO 气体与污染源变化分析;OC/EC 比值;大气颗粒物中 NO_3^- 与 SO_4^{2-} 的比值,衡量大气中 N 和 S 元素的流动源和固定源的分析等	可以衡量大气中 N 和 S 元素的流动源和固定源的分析等
空域治理技术		
人工增雨新型吸湿催化剂除霾技术	以各种无机盐为基础开发了复合型新型人工增雨吸湿催化剂,在暖云中播撒后,凝聚云中的水汽使之形成液滴,并在降落过程中通过碰并效应从而达到人工降雨的目的,以实现降雨洗涤空气中的霾	该催化剂为白色超细粉末,最大吸湿容量为 251%,吸湿后完全液化为透明液体,是环境友好型材料
超细清水雾系统	将市政自来水通过高压以雾状形态喷出,雾粒以高速紊流、旋转的方式在空间做三维运动,喷出后与外部空气充分卷吸、破碎、雾化产生直径为 1~10 微米的高速均匀细水雾。系统通过智能装置控制,超细雾在空气中迅速弥漫,形成雾状空气效果,快速增加空气湿度,短时间内即可去除雾霾、降尘、降温、产生负氧离子,净化空气	雾粒比表面积远远超过一般的水雾,雾粒速度快、密度大、喷雾均匀、渗透性强
100~400 米高度制冷剂投射系统	基于应用冷却技术人工影响逆温层的思路,提出了一种向 100~400 米高度空气层投射低温弹体(固氮弹体或液氮封装弹体),达到冷却局部空域,实现产生空气微循环的目的	能对逆温层起到较明显的降温作用,实现产生空气微循环的目的,改善空气质量
$PM_{2.5}$ 在线源解析质谱监测系统	该系统是国际首台 $PM_{2.5}$ 在线源解析监测设备,基于先进的单颗粒飞行时间质谱测量技术,实时监控污染源变化趋势	实时监控污染源变化趋势,捕捉污染源瞬时变化

项目名称	关键技术和措施	优点
地面局域治理技术		
移动式活化水及配套喷洒系统除霾装置	根据 $PM_{2.5}$ 气溶胶体粒子带正电的基本物理性质，采用特殊环保助剂使微小水粒子带上负电性，可高效吸附 $PM_{2.5}$ 粒子，利用喷洒装置形成高速喷出的流体，与气体混合形成气液混合体，利于对正电性胶体粒子的快速吸附凝结，形成大颗粒而快速沉降，去除空气中 $PM_{2.5}$ 微粒	能够有效去除空气中 $PM_{2.5}$ 微粒
公交车"车载空气净化装置"	采用物理过滤与离子技术相结合的技术方式。在车辆行驶中，安装在车外顶部的"车载空气净化装置"主动吸附车外环境空气中的污染物，排出洁净空气，从而减少空气污染	该净化系统对颗粒物 PM_{10}、$PM_{2.5}$ 的拦截率分别为 98.6%、97.1%，空气洁净量为 16737.84 米³/小时。2019 年 9 月 30 日，成都市首批 50 辆安装"车载空气净化装置"的公交车已全部投入运行。截至 11 月 11 日，运行情况全部正常
"双降"型柴油发动机尾气后处理系统	SCR（选择性催化还原）尾气后处理系统是通过将尿素溶液喷入排气管，使尿素溶液在排气管混合区遇高温分解成氨气（NH_3）和水（H_2O），与排气充分混合后进入 SCR 催化转换器，氨气和氮氧化物反应生成氮气（N_2）和水排到大气中，达到选择性去除柴油车尾气中有害氮氧化物的化学复合物	对柴油发动机尾气污染物氮氧化物进行净化处理
汽油车催化转换器	汽油车催化转换器属于汽油车尾气净化的关键零部件，能通过其内部高效的催化剂，将汽车排放的有害物质，如 CO、HC、NO_x，转化为无害物质，如 H_2O、CO_2、N_2	将汽车排放的有害物质，经过化学反应，持续转化为无害物质
柴油颗粒器 DPF 燃烧器型	将燃烧器、氧化催化器、颗粒捕集器进行系统集成；系统中的颗粒捕集器对尾气中的碳颗粒实施捕集并适时进行再生处理	净化柴油发动机尾气中一氧化碳（CO）、碳氢污染物和颗粒物

此外，还有很多手段对付"我"，如广泛应用的喷水雾抑尘洒水车（图4.6）、建筑工地抑尘水雾围栏（图4.7）等，但是这些环境设备和技术主要是末端治理技术。在"我"看来，要想更快速、有效地根治"我"，还得从源头上减少污染物的排放。"我"的兄弟姐妹少了，当然就不能与人类抗衡了。完善环境保护法律法规，加强环境立法，全面规划、加快实施大气环境治理战略，发展科学技术，优先采用无污染或少污染的工艺等措施也都可以加速"我"的灭亡。

图 4.6 喷水雾抑尘洒水车

图 4.7 建筑工地抑尘水雾围栏

下篇

科学防霾篇

如何区分雾和霾

答疑与辟谣

第五章 答疑与辟谣

第一节 答疑

一、基础知识篇

（一）如何区分雾和霾

从国内外对霾的观测情况来看，以合理的标准区分霾、轻雾及雾的标准显得较为重要，但国内外在这一方面都没有统一的标准。就我国而言，暂时缺乏统一的判别标准，且南北方的气候特征不同，带来了对霾的区分标准不同。南方大多是用相对湿度的某一阈值来区分，绝大多数定得较低，而我国北方广大地区由于湿度水平一般比较低，易于区分霾和雾这两种天气现象，故而大多数地方未规定附加的相对湿度标准。

雾是近地面空气中水汽凝结（或凝华）的产物，是由大量悬浮在近地面空气中微小水滴或冰晶组成的气溶胶系统。《地面气象观测规范》中定义雾为：大量微小的水滴或冰晶浮游在空中，常呈乳白色，使水平能见度小于 1 千米；轻雾是小水滴或冰晶在近地面大气中组成的悬浮体，使水平能见度维持在 1～10 千米的天气现象（图 5.1）。霾是指大量极细微的干尘粒等均匀地游浮在空中，使水平能见度小于 10 千米的空气普遍混浊现象，主要由空气中的灰尘、硫酸、硝酸、有机碳氢化合物等粒子组成（图 5.2）。因此，雾和霾都是发生在边界层内的低能见度天气现象，都是漂浮在大气中的粒子使能见度恶化的天气，但是组成和形成过程完全不同。然而，由于霾的生成条件跟雾极其相似，如小风、静稳、高湿，且能相互转换。因此，近年来，社会大众、新闻媒体经常将雾和霾合称为雾霾。霾或雾霾已被归入严重的灾害性天气中，并引起了社会各界特别是普通大众的广泛关注。中国在 2010 年 6 月 1 日实施的《霾（灰霾）的观测和预报等级》中明确了霾和雾的区别，在认定雾和霾的天气时通常要看几个重要的指标，"能见度小于 10 公里且相对湿度小于 80% 时为霾；能见度在 80%~95% 时，满足下列条件为霾：$PM_{2.5}$>75 微克 / 米^3，PM_{10}>65 微克 / 米^3，气溶胶散射系数和吸收系数之和大于 $480Mm^{-1}$。"所以，霾的本质是大气细粒子消光的问题。

图 5.1　雾天气　　　　　　　　　　　　图 5.2　霾天气

目前大众可以主要根据以下 3 种方式区分雾和霾。

1. 相对湿度

雾主要是以水汽为主，雾的相对湿度一般在 90% 以上，而霾在 80% 以下。相对湿度为 80% ∽ 90% 是霾和雾的混合物。

2. 能见度

从能见度上讲，能见度在 1 千米以下的统称为"雾"。能见度在 1 千米以上但小于 10 千米的就属于霾现象。

3. 颜色

从辨别颜色来讲，纯洁的雾应该是白色或者灰色的；霾的颜色有点发黄。华南地区的人把它称为"彩色的云"，名字非常漂亮，实际上和雾有很大的区别。

如果还想知道雾和霾更详细的区别，请扫描右边的二维码。

中国气象局研究员汪勤模等总结的雾和霾的十大区别：

一是水平能见度不同。雾的水平能见度小于 1000 米，霾的水平能见度小于 10 千米，根据能见度的不同，可以区分不同程度的雾和霾（表 5.1）

二是相对湿度不同。雾的相对湿度大于 90%，霾的相对湿度小于 80%，相对湿度为 80% ~ 90% 时是霾和雾的混合物，但其主要成分是霾。发生霾天气时空气中相对湿度不大，而雾中的相对湿度是饱和的，特别是当有大量凝结核存在时，相对湿度不一定达到 100% 就可能会出现饱和。

三是厚度不同。雾的厚度只有几十米至 200 米左右，霾的厚度可达 3000 米。

四是边界特征不同。雾的边界很清晰，过了"雾区"可能就是晴空万里；而霾与晴空区之间没有明显的边界。

五是颜色不同。由于液态水或冰晶组成的雾散射的光与波长关系不大，因而雾看起来呈乳白色或青白色；由于灰尘、硫酸、硝酸等粒子组成的霾，其散射波长较长的光比较多，因而霾看起来呈黄色或橙灰色。

六是形成条件有差异。虽然雾和霾的形成都需要微风或无风，大气状态稳定，即要有逆温层，但是，雾需要一定的水汽和降温条件，使得空气相对湿度达到饱和而发生凝结现象；而霾的形成并不需要水汽和降温条件，主要是空气中（干性）颗粒物要达到一定浓度，相对湿度不需太大。

七是成分不同。雾主要是由微小水滴或冰晶组成，雾滴尺度一般为 3~100 微米；霾是由肉眼看不见的复杂微小粒子等组成，霾粒子的直径仅有 0.3~0.6 微米。

八是日变化不同。雾一般在午夜至清晨最容易出现，日出后会很

154

快消散；霾的日变化特征不明显，当气团没有大的变化，大气层较稳定时，持续时间较长。

九是季节变化不同。我国一年四季都可能有雾出现，大多数地区秋冬季节为雾多发期，春夏季雾较少；霾在全国大部分地区均有明显的季节变化，冬季多，夏季少，春秋季居中。

十是指示意义不同。一般来说，雾有天气预报的指示意义，如谚语"十雾九晴"；霾更属于环境问题，在大气污染研究和空气质量预报中的指示意义显得更重要。

表 5.1　雾霾等级表

来源	雾	轻雾	霾
WMO 报告 266 号	能见度小于1000m，相对湿度通常接近100%	相对湿度通常低于100%	相对湿度小于80%
WMO 报告 8 号	能见度小于1000m	能见度大于1000m，相对湿度较高	能见度大于1000m，相对湿度小于某个百分比，如80%
WMO 报告 782 号	能见度小于1000m	能见度为1000~5000m，相对湿度大于95%	能见度小于5000m
《观测人员手册》	能见度小于1000m，相对湿度通常接近100%	能见度小于1000m，相对湿度95%，通常大于100%	能见度没有限制
气象术语	能见度小于1000m	能见度大于1000m，相对湿度大于95%	能见度没有限制
《航空气象手册》	能见度小于1000m，相对湿度通常接近100%		相对湿度小于95%

（二）造成霾天气和大气污染的元凶是什么

霾天气的本质是细颗粒物污染。其中，可吸入颗粒物（PM_{10}）、细颗粒物（$PM_{2.5}$）等来源于燃煤排放、机动车尾气排放、各类扬尘、工业排放和挥发、生活源排放、生物质燃烧排放以及周边区域外来污染等多种污染源。这些污染源的排放就是造成霾天气和大气污染的主要元凶。

同时，我们不能忽视的是，$PM_{2.5}$包括一次污染源和二次污染源。一次污染源主要来自化石燃料的燃烧直接排放，如煤炭燃烧、机动车尾气排放等。二次

155

污染源主要是一次污染源排放的污染物在大气中发生一系列反应，生成与一次污染物不同的新污染物，如机动车尾气排放到大气中的硫氧化物、氮氧化物、挥发性有机物 (VOCs) 等气态污染物经化学反应后形成的硫酸盐类、硝酸盐类和有机气溶胶等二次粒子。

另外，我们还应该知道我们每天消耗的能源均会导致污染物的产生：每用 1 度电就消耗 350 克煤，每坐一公里车就消耗 0.12 升汽油，取暖也会消耗大量的煤。而煤和油燃烧都会产生大量的二氧化硫、氮氧化物、粉尘、微粒、重金属等污染物。所有这些都是造成霾天气和大气污染的元凶。

对城市来说，以煤炭为主的能源结构、粗放型的经济发展方式、不尽合理的产业结构和工业布局，以及日益增长的汽车量、燃油品质差所造成的尾气排放量大等因素，都是造成霾天气的直接元凶。

（三）哪些气象因素对霾的影响较大

影响霾的气象因素主要包括大气稳定度、风、湿度、降水、气压场及城市热岛效应等，具体表现如下。

大气稳定度：当大气处于静稳状态，大气垂直扩散能力较差。重污染天气期间，通常有逆温层发展（逆温是指这种高空的气温比低空气温更高的现象，导致空气"脚重头轻"，气象上称这种现象叫逆温，发生逆温的大气层叫逆温层，厚度可从几十米到几百米）。逆温层形成后，近地层大气稳定不容易上下翻滚而形成对流，这样就会使我们在低层特别是近地面层空气中堆积，增加大气低层和近地面层污染程度。逆温层就像一层厚厚的被子盖在地面上空，使得大气层低空的空气垂直运动受到限制，污染物不能向上扩散，"无路可走"只有向下蔓延，即形成污染物在空气中难以向高空飘散而被阻滞在低空和近地面层，从而形成了霾。

风：风与霾次数具有负相关关系，也就是说，在风速越大时，霾出现的次数越少。它的作用主要有两个，第一个是水平搬运作用，大气中的悬浮颗粒物在风速的推动下，会平行输送到周围的城市和地区，虽然刮风的城市空气质量得到了提升，但是污染物并没有减少，只是移动到了另外一座城市；第二就是稀释作用，大气污染物会随着风速的移动而移动，并跟周围干净的

空气互相混合搅拌，从而导致在相同体积内的颗粒物减少，以此来提升空气质量。这两个方式都能改善城市的空气质量，风速越大，空气质量越好。但城市里大楼越建越高，阻挡和摩擦作用使风流经城区时明显减弱。静风现象增多，不利于污染物的扩散稀释，容易在城区和近郊区周边积累，而一般有大风的时候，很少会出现持续性的重度污染天气，这也是一些城市建造通风走廊来改善空气的原因。

湿度：当大气相对湿度达 60% 以上时，一方面，相对湿度增加有利于 $PM_{2.5}$ 的吸湿增长；另一方面，相对湿度增加还会促使气态前体物质向颗粒物加速转化，导致颗粒物浓度快速升高。SO_2、NO_x 等气态污染物在大气中发生氧化等化学反应，形成硫酸盐、硝酸盐等 $PM_{2.5}$ 的主要成分，促进霾的发生。

降水：指空气中的水汽冷凝并降落到地表的现象。它包括两个部分，一个是水平降水，如雾霜之类，还有一种是垂直降水，如雨、雪等。不管是哪一种，只要降水量达到一定程度，都可以将颗粒物带到地面。不过如果降水量比较少，特别是绵绵细雨，这时霾天气不仅不会有所改善，反而可能加重，这是因为细雨增加了空气湿度但是又没有超出 60%，这时易产生霾。

气压场：霾发生的天气类型主要有冷高压型、低压槽型等。气温越低，降水量和风速越小，日照越少，气压越高，越有利于霾天气的形成。

城市热岛效应：指城市因大量的人工发热、建筑物和道路等高蓄热体及绿地减少等因素，造成城市"高温化"，一般城市的温度明显高于外围郊区的现象。霾与城市热岛效应之间会相互影响，相互促进。当霾产生时，会在城市上空吸收大量的长波热辐射，再加上城市中建筑密集，阻碍气流通行，使风速减小，影响了热量的扩散，因此加大了城市的热岛效应。同时，城市热岛效应加大后，近地面温度升高，空气做上升运动，形成了低压涡旋，会导致大气污染物在城市中心区域聚集，这样会增加霾到来的可能性。

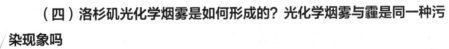

（四）洛杉矶光化学烟雾是如何形成的？光化学烟雾与霾是同一种污染现象吗

洛杉矶光化学烟雾是汽车、工厂等污染源排入大气的碳氢化合物和氮氧化物等一次污染物，在阳光的作用下发生光化学反应，生成 O_3、醛、酮、酸、过氧乙酰硝酸酯（PAN）等二次污染物，一次污染物和二次污染物的混合物所形成浅蓝色有刺激性的烟雾污染现象。

光化学污染与霾天气都是能使大气能见度显著下降的污染现象，但这两种污染又有各自的特点。它们之间的关系包括 4 点：①光化学烟雾主要发生在汽车较多、工业较为集中的地区，而霾的来源因素更为复杂和多样；②霾在白天夜间都会出现，光化学烟雾只在光照充分的白天出现；③从物质形态看，光化学烟雾与霾似乎没有什么关系，因为光化学烟雾主要为气态化学污染物，而霾则是大气颗粒物，但是光化学烟雾最终生成大量的臭氧，增加了大气的氧化性，导致大气中的 SO_2、NO_2、VOCs 等被氧化，并逐渐凝结成颗粒物，从而增加了 $PM_{2.5}$ 的浓度，也就是说光化学烟雾可能成为霾的来源之一；④近年来，我国许多大城市观测到在晴天，天气比较稳定的时候，$PM_{2.5}$ 和 O_3 浓度都非常高，易形成霾和光化学烟雾的混合污染状态。所以，在一定的天气条件下，霾和光化学烟雾可能同时叠加出现，也可能相互转化。

（五）为什么霾有时候持续时间很长，有时候很快就消失了

霾有时候持续时间很长，有时候很快就消失，那是因为他们的类型不同，因此出现的特点和治理方式也有较大差异。一般来说，根据霾的存在状态，我们可以将霾分为两类。

第一类是大范围、短时间的霾，特点是：发生范围大，覆盖上百万平方公里面积；$PM_{2.5}$ 浓度高，能见度低，感观十分强烈；持续时间短，三四天散去；霾的来源复杂，有人为排放的污染物，也有自然界存在的 $PM_{2.5}$，如干涸湖泊或河道的盐类物质等；主要由气象因素，如厄尔尼诺现象、混合层高度下降、湿度大、风速低、逆温层等引发；因持续时间短，对人体健康影响不大。

第二类是局地性、常态化的城市霾，特点是：发生范围小，只存在于城市中心区或工业区上空，如北京市五环路以内；$PM_{2.5}$ 浓度不很高，但与周边地区有明显差异，如北京市五环路以内上空有一个混浊的黑灰色"盖子"，而同时间昌平、延庆等郊区没有；经常发生，只要不刮风就会在城市上空出现，持续时间长；霾的来源较单一，主要是城市本地排放的污染物，特别是机动车尾气、锅炉燃煤和餐饮油烟等；气象因素有影响，但不是主要引发因素，

因城区和郊区的气象条件是基本相同的，主要引发因素是本地集中的污染物排放；常态化发生，对人体健康影响较大。

对比中可见，这两类霾的机理有比较大的区别。第一类霾可视为一种自然灾害（气象灾害）或准自然灾害，犹如台风登陆会造成巨大财产损失一样，人类较难控制和干预；而第二类霾是人为污染造成的，可以通过减排等措施加以消除。

（六）$PM_{2.5}$ 与 PM_{10} 为什么会出现"浓度倒挂"

从定义来说，$PM_{2.5}$ 是指环境空气中空气动力学当量直径小于或等于 2.5 微米的颗粒物；PM_{10} 是指空气动力学当量直径小于或等于 10 微米的颗粒物。故 $PM_{2.5}$ 属于 PM_{10} 的一部分，理论上在同一时间同一地点测量的 PM_{10} 浓度应该高于 $PM_{2.5}$ 的浓度，但是 $PM_{2.5}$ 和 PM_{10} 质量都很轻，在实际测量过程中可能会出现 $PM_{2.5}$ 的浓度高于 PM_{10} 的浓度，这就是"浓度倒挂"（图 5.3）。其原因主要如下。

$PM_{2.5}$ 与 PM_{10} 使用不同的监测方法：目前，测量 $PM_{2.5}$ 和 PM_{10} 的方法主要是微量振荡天平法和 β 射线法。监测 $PM_{2.5}$ 采用 β 射线法，而 PM_{10} 采用微量振荡天平法，由于两种方法的差异性和各自方法的局限性就会导致它们的测定数据可比性不强，可能出现 $PM_{2.5}$ 和 PM_{10} 的"浓度倒挂"现象。

$PM_{2.5}$ 的监测仪器上带有补偿装置：由于 $PM_{2.5}$ 和 PM_{10} 被纳入空气质量标准的时间间隔较久，PM_{10} 普遍采用传统的微量振荡天平法和 β 射线法在线监测设备；而 $PM_{2.5}$ 采用带有补偿装置的微量振荡天平法和 β 射线法监测设备，带补偿装置的仪器会对监测过程中可能的挥发损失进行补偿，$PM_{2.5}$ 中半挥发性物质占较大的比例，如果 $PM_{2.5}$ 的测量捕捉到了半挥发性的成分，而 PM_{10} 的测量没有捕捉到，将会引起 $PM_{2.5}$ 的测试数值高于 PM_{10}。

高温高湿的气象条件影响：当环境空气中湿度较大时，测尘仪位于装备有空调的室内，因此采样流量的相对湿度可能会远远高于室外的相对湿度，如果加热温度偏低，出现水的凝结，传统 β 射线法的浓度读数可能会远高于实际浓度。但是如果加热系统温度过高，又将会使得大气中的可挥发性颗粒物（VOCs）产生较大损失。因此，在高温高湿气象条件下，如果颗粒物含水量较高，在监测设备中难以快速有效去除，颗粒物质量浓度监测结果误差增加，可能导致 $PM_{2.5}$ 和 PM_{10} "浓度倒挂"。

其他原因：如测量设备没有按照厂家提出的维护方法定期维护，或者是当$PM_{2.5}$与PM_{10}的值非常接近时，测量误差引起$PM_{2.5}$的浓度高于PM_{10}的浓度。

图5.3 $PM_{2.5}$和PM_{10}"浓度倒挂"图

（七）什么是"污染避难所"假说？这种假说是否具有合理性

外商直接投资 FDI（foreign direct investment，FDI）对大气污染影响理论中比较著名的是"污染避难所"假说，即跨国企业更倾向于在环境标准相对低下的国家或地区进行投资和生产，使得这些国家成为"污染的天堂"。部分学者认为，这种假说不正确，相反，FDI 可以治理大气污染和霾。①发达国家在环境技术、环境立法、环境社会上处于领军地位，这可以从比较其排放污染和消耗资源的量上来体现。②发达国家在全面环境质量管理体系的约束下，环境破坏速度比经济增长速度慢，其在治理环境的效率、环境与工业创新等方面，形成了治理环境与经济发展共同进步的机制。③跨国公司采用统一的环境标准、技术标准以实现规模经济，从而实施比东道国的环境保护标准还高的标准。④ FDI 投资企业的环保意识较高，可帮助提高东道国内企业的环保意识。因此，需要更深入细致地研究和实践寻找最合适的出路。

二、科学技术篇

（一）AQI、API 和 PM$_{2.5}$ 的关系

AQI，即空气质量指数，是根据《环境空气质量标准》（GB 3095—2012）和各项污染物对人体健康、生态、环境的影响，将常规监测的几种空气污染物（PM$_{2.5}$、PM$_{10}$、SO$_2$、NO$_2$、O$_3$、CO）等浓度简化成为单一的概念性指数值形式。AQI 的取值范围为 0~500，每小时发布一次，根据不同的值将空气质量划分为 6 个等级，对应平时我们在手机上看到的空气质量的优、良等等级（图 5.4）。

空气质量 指数	空气质量 等级	东方天气网温馨提示
0 ~ 50	■ 空气优	可多参加户外活动呼吸新鲜空气。
51 ~ 100	■ 空气良	除少数对某些污染物特别容易过敏的人群外，其他人群可以正常进行室外活动。
101 ~ 150	■ 轻度污染	敏感人群需减少体力消耗较大的户外活动。
151 ~ 200	■ 中度污染	敏感人群应尽里减少外出，一般人群适当减少户外运动。
201 ~ 300	■ 重度污染	敏感人群应停止户外运动，一般人群尽量减少户外运动。
> 300	■ 重度污染	除有特殊需要的人群外，尽里不要留在室外。

空气质量指数等级划分及建议

图 5.4　AQI 等级图

API，即空气污染指数，是根据《环境空气质量标准》（GB 3095—1996）和各项污染物对人体健康、生态、环境的影响，将常规监测的几种空气污染物（PM_{10}、SO_2、NO_2、CO）等浓度简化成为单一的概念性指数值形式。API 根据不同的值也划分为不同的等级，每天发布一次。

由上面可知，$PM_{2.5}$ 是细颗粒物，是参与 AQI 评价的 6 种污染物之一。

AQI 与 API 相比：首先是名称不同，AQI 是空气质量指数，API 是空气污染指数；其次是采用的环境标准不同，AQI 采用的是 2012 年新修订的《环境空气质量标准》，API 采用的是 1996 年发布的《环境空气质量标准》；再次是参与评价的污染不同，AQI 比 API 多了 $PM_{2.5}$ 和 O_3 两个参与评价的污染物；最后是发布频率不同，AQI 每小时发布一次，API 每天发布一次。因此，AQI 采用的标准更严、污染物指标更多、发布频次更高，其评价结果也更加接近公众的真实感受。

（二）交通尾气是非常大的污染源，怎样治理才会产生作用

我们比较一下：欧美一些国家，虽然车流量大，但车的速度基本可以保持在 80 公里／小时以上。我们这里却是"一脚刹车一脚油"，红绿灯非常多，自行车、电瓶车和机动车混乱占道行驶都加剧了拥堵现象。一般来说，车行驶越慢，污染越严重，因为汽车在怠速行驶情况下，属于不完全燃烧，汽车暂时停车的时候污染最严重。研究发现路网优化和行车规则的优化非常重要，减少红绿灯，让车速保持在 60~80 公里时速，其燃烧效率最高而尾气排放量最小。

同时，大力发展公共交通是减少私家车出行、保持交通顺畅、减少尾气排放的有效途径。如果居民从家里出来，搭乘社区巴士再换乘干线公交或地铁，比自己开车方便快捷且更经济时，居民都会优先选择公共交通。城市交通自然就顺畅了。当然，提高石油产品质量，改善燃油品质，加强尾气监管，鼓励旧车报废、推广清洁能源汽车等都能起到一定的减排作用。目前，很多研究者都提出了机动车尾气治理的一些策略。

制定严格的机动车尾气排放标准体系。根据机动车的种类，制定严格的机动车尾气排放标准体系；加强机动车出厂质量抽检，对不能达到尾气排放标准的机动车辆，严禁上市销售。

建立完善的机动车油品质量标准体系。机动车油品质量是机动车尾气污染控制的重要环节，要建立完善的机动车油品质量标准体系，淘汰落后的油品加工设备工艺和企业，加大科技投入，推广技术先进的油品加工工艺技术；建立日常的油品质量监督管理工作机制。

建立完善的机动车尾气排放监督管理体系。机动车尾气排放监督管理是尾气污染管控的关键环节，现有的机动车尾气检测采取年检制，已不能满足当前大气污染控制的需要，应建立机动车尾气检测的遥感监测设施及定位联网监测设施，以便于管控部门及时掌握尾气排放超标车辆现状，及时出台机动车禁、限行等管控措施，对不执行行政管理管控要求的，依据有关法律、法规从严处罚，同时大力推广机动车尾气治理

先进技术。

建立有序的机动车淘汰管理机制。制定机动车淘汰管理工作标准，对达不到机动车安全、环保标准的机动车严格执行淘汰；建立机动车淘汰的财政奖惩机制；建立淘汰机动车收集处理工作规范；防止机动车处置过程造成二次污染；严禁拼装机动车辆流入市场。

建立有效的新能源机动车激励机制。电动轨道车、电动汽车及新燃料汽车等新能源交通设备，是传统燃油汽车的理想替代产品。政府应在城市交通规划中加大新能源交通设备的规划配备，出台燃油机动车的约束政策。

（三）我国可以直接借鉴国外的先进科学技术来治理霾吗

由于欧美发达国家大气污染问题具有明显的阶段性，而我国大气污染物问题属于混合污染类型。因此，发达国家在大气污染治理过程中并未经历过我国所面临的新老问题集中爆发的状况。因此，目前我们尚无直接的国际经验可借鉴。霾污染是目前我国可持续发展中面临的突出问题。

然而，霾防治是一项复杂的技术、制度与法律问题，各国在霾防治中的具体做法是依据本国的工业结构、能源结构及民众的生活方式来采取的各种针对性措施，并取得了较好的效果。我国可以在总结各国在霾防治中的做法的基础上，思考具体有哪些国外的经验及科学技术可以借鉴。

建立健全法律和监管体系。从发达国家的治理经验中我们可以看到，治理霾首先要有一个健全的法律体系和全国统一的空气质量标准体系。在牢固的法律基础上，各国根据不同地区的气候、污染物排放特征和相应的工业发展水平，有重点分区域地开展霾治理工作，建立符合各国大气污染现状的污染物排放制度，制作健全的排放清单，建立全国统一的污染物监测网络，对工业污染物排放进行合理监控。

以大城市为出发点进行治理。从发达国家的治理经验和霾发生的特征来看，大都市是霾多发区域，应当把大都市，尤其是以工业为主的大城市作为霾治理的重点，及时公布大气质量信息，定期评估大气现状对人群健康的影响，

保证城市居民的身体健康安全。大城市多是工业集中的区域,大气污染物排放源比较多,城市热岛效应产生的城市风会把引起霾的物质吹散到周边小城镇,对周边城市群空气造成污染。只有治理好大城市的污染源,才能全面推进霾治理工作。我国也根据国内现状,从大城市入手开展霾治理工作,根据国内情况,从四大霾区治理入手,对我国治理霾工作有着至关重要的作用。

建立空气污染举报平台。公布公民参与热线,加强社会监督,设立相应的奖励机制,鼓励公众参与霾治理工作。

建立完善的排污权交易制度。合理利用经济手段治理霾,鼓励企业改进生产技术,淘汰落后设备,从源头上减少企业大气污染物的排放。

优化能源结构。能源结构的优化可以从源头上减少空气中细微悬浮物的排放,对治理霾天气有着积极意义。煤炭是早期各国工业化进程的主要能源,在各国能源结构中占据着基础性地位,控制煤炭的合理使用,降低煤炭在能源结构中的比例、推广清洁能源的使用是各国的普遍做法,如英国 1970 年天然气在能源结构中的占比仅为 6%,到 2009 年上升为 45%,伴随着清洁能源在英国能源结构中的扩大,直接带来的是英国空气质量的改善。因此,我国应当合理控制煤炭的使用,持续降低煤炭在能源结构中的比例,提升清洁能源比例。

设定合理的排污目标。我国现在仍然是发展中国家,发展是当今世界的主题,同时也是我国的第一要务,但必须寻求一条既能保证经济发展又有利于环境保护的道路,建立相关制度对大气污染物进行总量上的控制是一个符合我国现状的最佳选择。我国作为世界上最大的发展中国家,不能走发达国家"先污染、后治理"的老路。因此,我国要根据经济发展的现状,合理布局产业结构,设定合理的排污目标,适当放弃污染排放高的企业,在发展的同时解决污染问题。

实行更严格的处罚措施。在发达国家中,对于排污不达标的企业往往采取双罚制,不仅要对这些企业处以高额罚款,同时也对企业本身进行处罚,对于一些企业来说,这样的惩罚更具威慑性,因为一旦处在生产旺季时被处罚,如果被限制生产,可能会影响企业整个年度的生产计划,甚至导致企业破产。因此,这些企业都会严格执行排污标准。我国也可根据国情制定更严格的处罚措施,迫使企业遵守相关的法律法规,控制污染物的排放,从而达到减缓和治理霾天气的目的。

（四）要降低我国霾发生频率，需要从哪几个方面进行控制

(1)油品质量和机动车尾气污染控制应该放在最优先的位置。机动车尾气直接排放致霾的 $PM_{2.5}$（含碳颗粒、SO_4^{2-} 等）及其前体物质（NO_x、VOCs、SO_2），对城市圈大气霾的形成有较大的贡献。提高油品质量不仅能直接减少机动车 SO_4^{2-} 和 SO_2 的排放，而且可大大促进机动车尾气净化后处理技术的应用。另外，汽油车的排放法规尚未包含对 $PM_{2.5}$ 的限制，应尽快着手研发汽油车 $PM_{2.5}$ 控制技术，支撑新标准立法；加快淘汰老旧机动车；发展公共交通，缓解城市交通拥堵；立法控制非道路机动车（工程车、农用车等）排放。和其他污染源相比，机动车尾气污染控制具有技术含量高、易于规模应用和见效快的特点，应该放在目前治理工作重中之重的位置。

(2)切实做好燃煤烟气脱硫脱硝工作。燃煤电厂烟气排放新标准已相当严格，采用的除尘脱硫脱硝技术联用给企业带来不小的成本压力。2014 年 9 月，国家发展和改革委员会、环境保护部、国家能源局印发《煤电节能减排升级与改造行动计划（2014—2020 年）》，启动超低排放改造，要求于 2020 年前完成。2015 年 3 月，国务院将超低排放改造写入年度政府工作报告，要求打好节能减排和环境治理攻坚战。

(3)对工业废气污染控制，应该加快立法和新技术研发。工业（工业锅炉、石油、化工、钢铁、水泥等行业）是一次颗粒物和二次颗粒物前体物质（SO_2、NO_x、VOCs 等）的重要来源。由于各行业所需环保技术和成本承受能力各异，废气排放控制立法和技术研发进度参差不齐，建议加快工业行业废气排放控制立法工作，重点研发一批 $PM_{2.5}$ 及其前体物质联合控制技术并推广应用。另外，废气排放控制立法也有利于利用市场手段鼓励先进产能，淘汰落后产能，促进产业升级。

(4)农业区应加强 NH_3 排放的控制，减少生物质的无组织燃烧。NH_3 排放对于污染物气粒转化及颗粒物吸湿增长致霾具有极大的促进作用，而目前对于农业源 NH_3 排放还缺少相应的控制措施。生物质燃烧排放的颗粒物也是导致霾产生的重要原因之一，建议加强生物质无组织燃烧的管理。

（五）中国城市政府治霾举措的基本框架

解决中国大气霾问题的有效途径首先是对现状的认知、评估和趋势预测；其次是确定污染源头和权重；最后是结合内因和外因，联合排放清单技术、立体观测技术、数值模拟技术，整体规划污染物减排目标，循序渐进、分步实施，最终使空气质量全面达标。

（六）新闻中经常出现的"区域性污染"和"联防联控"是什么意思

大气污染的范围不局限于单个城市或单个工业区周围，城市间大气污染的相互影响和叠加明显。区域性污染是指污染物随着大气环流和风向移动导致一片区域的大气污染，如山西地区的空气污染物经常会顺着大气环流被运送到京津冀地区导致这一片区域的大气均出现污染状况。

城市污染是相互影响的，污染物可以跨越城市甚至省际的行政边界远距离输送，为了应对这种区域性的污染，单靠一座城市控制本地源排放的效果是不够的，必须通过城市之间甚至省际之间相互合作，共同开展污染物的防治措施，来解决大气污染问题，也就是联防联控。研究发现，部分霾地区上空的污染物可能有一半都来自外地。因此，霾的治理要在区域内统筹考虑，多个地区联合采取措施进行污染防控，如在北京奥运会期间，北京及周边6省市共同开展污染防治措施，圆满完成了北京奥运会空气质量保障工作。上海"APEC蓝"和广州"亚运会蓝"等都是我国通过多地联防联控解决区域大气污染问题的成功案例。

（一）家庭如何挑选空气净化器

空气净化器对净化空气有一定的作用，挑选时要注意以下3点。

①要明确使用目的，要选购对 $PM_{2.5}$ 有净化效果的净化器。

②要关注净化器的性能指标，根据国家标准，一台真正有效的空气净化器要做到能效指标"三高一低"。

高洁净空气量：洁净空气量（clean air delivery rate，CADR）是净化器的净化效果指标，CADR 越大，净化器的净化能力越强，净化效果越好。

高累计净化量：累计净化量（cumulate clean mass，CCM）越高，净化的污染物越多，滤网寿命越长。

高能效值：能效水平越高，越省电。

低噪声量：仪器工作噪声一般低于 50 分贝属于相对安静的，选购时可以观察样机进行直观感受。

③空气净化器要达到净化效果，必须根据房间面积、净化器的功率和净化效率等情况，开启一定时间后才能有效降低室内污染物的污染程度。在购买时需留意产品说明书，一般在产品说明书上都注明了空气净化效果检测单位出具的检测报告或合格证明。未给出实验条件，表述过于简单甚至绝对化的产品要慎重购买。

（二）空气净化器使用有哪些注意事项

空气净化器在使用过程中应注意观察净化效果，建议按照产品说明更换或清洗过滤材料。如果发现净化效果明显下降或者开启空气净化器以后发现有异味，就要及时更换过滤材料和清洗过

滤器。而且空气净化器中的净化材料也是有使用寿命的，为避免造成二次污染，应根据污染程度和使用时间及时进行更换。室内污染较重时，可以提高滤料的更换频率。更换空气净化器内部材料时要做好自我防护，如更换滤网时要佩戴手套和口罩，防止更换过程中接触和吸入被截留的有害物质。

（三）吸烟对室内空气有影响吗

室内吸烟对室内空气影响较大，据实验数据表明，在 30 立方米实验舱中，燃烧 1 支香烟，室内 $PM_{2.5}$ 浓度就可达每立方米 500 微克以上。因此，建议避免雾霾天气时在室内吸烟。

（四）霾天气时家庭如何合理烹饪

居家烹饪也是室内 $PM_{2.5}$ 的一个重要来源。根据相关研究结果可知，厨房（门窗关闭）中采用煎、炒、炸等烹饪方式，即使开启油烟机，其瞬间 $PM_{2.5}$ 浓度也可突破每立方米 800 微克；并可在一定程度上扩散至客厅、卧室等。而采用蒸、煮烹饪方式时，厨房内 $PM_{2.5}$ 浓度变化不大。因此，建议在雾霾天气做饭时，应关闭厨房门，并开启油烟机；重污染天气期间，尽量采用蒸、煮的方式；完成烹饪后，应继续开启油烟机 5~15 分钟。

（五）霾天气时要如何注意居室环境卫生

霾天气时人类室内活动增多，在门窗关闭的情况下，可使室内 $PM_{2.5}$ 浓度逐步上升。因此，建议在重污染天气居室清扫宜采用湿式清扫法，使用沾湿的墩布、抹布等进行室内清洁，并适当增加频次。如果霾散去，应及时开窗通风最少 15 分钟以上。

（六）生活中有哪些针对霾天气的对策

市民生活中可以有一些对抗 $PM_{2.5}$ 的方法。

(1)可以喝养生润喉茶，用开水冲泡杭白菊、胖大海缓解咽喉的不适，减少空气污染对肺部的危害；饮食方面，以清淡为主，少辣少油，过于刺激的食物会伤害呼吸道，可以多吃一些滋阴润肺的食物，如梨、百合、枇杷、莲子、萝卜、枇杷、菱、豆腐、牛奶等；解毒、排毒食物，如木耳、猪血、绿豆、蜂蜜、苦瓜、海带、茄子、南瓜、麦麸、甘薯、萝卜、猕猴桃等。

但是希望通过饮食来调理、清除污染物，几乎不可能，只是从保健的角度来说，食疗是值得提倡的辅助预防措施。

(2)霾天尽量减少开窗，在下午空气中 $PM_{2.5}$ 浓度相对较小时开窗换气；可用水打湿窗帘和门帘；外出时应戴口罩，回家后记得清洗口鼻，阻止 $PM_{2.5}$ 颗粒物进入人体；适当在水泥地面洒一些水以压灰尘；家庭或办公环境可以选用合适的空气净化器。

(3)规律作息，充足的睡眠和适量的运动能有效提高抵抗力。心脏病和呼吸道疾病患者应减少体力消耗，减少户外活动。老人若要锻炼身体，应在能见度较好、较为安静的公园内锻炼，而且尽量选择上午 10 点以后锻炼；大型商场或公共娱乐场所因为人多，空气不畅，对敏感人群来说不宜久留。

(4)要多喝水，保证足够水量的摄入，保证人体正常的新陈代谢，及时排出毒物。

(5)注意情绪调节，光线太暗时，尽量开灯、听听音乐，尽可能控制忧郁烦闷情绪，防止疾病发生。

（七）室内多摆绿色植物能去除 $PM_{2.5}$ 吗

绿色植物也成为公众面对霾天的选择之一，但是植物的光合作用在霾天气时会受限，所以绿植改善空气质量的效果并不明显。我们可以在阳台、露台、室内多种植绿萝、万年青等绿色冠叶类植物，因其叶片较大，吸附能力相对较强。不过在家中摆放绿植的时候，不仅要考虑植物的功能，还要考虑居室面积、光线、通风等现状。总的来说，多数植物白天在阳光的光合作用下吸收 CO_2、O_2，而夜间则会与主人争夺 O_2。但仙人掌等原产于热带干旱地区的多肉植物不会与居室的主人争夺 O_2，其肉质茎上的气孔白天关闭，夜间打开在吸收 CO_2 的同时，使室内空气中的负离子浓度增加。另外，散尾葵、虎皮兰、虎尾兰、龙舌兰以及褐毛掌、伽蓝菜、景天、落地生根、栽培凤梨等植物对太阳光的依赖也很小，能在夜间净化空气的同时实现杀菌的目标。这些植物应该是阴霾天清洁居室空气的"劳模"。

（八）专业用嗓人士怎样防霾

专业用嗓人士（如教师、讲师、歌手、主持人、销售人员等）经常需要用到嗓子，本就是咽喉疾病的高发人群，在霾天气更容易出现咽喉问题。建议霾天气尽量减少用嗓，让嗓子充分休息，外出要带口罩，保持室内的温湿度，多饮水，可以喝一些中药代茶饮，常用有保护声带的作用，防治咽喉的不适症状。

（九）上班族怎样防霾

上下班是出行高峰，扬尘、机动车尾气排放等相对集中，是污染最重的时段。建议雾霾天市民应尽可能少出门，非要出门时最好戴上口罩，且选择 N95 型、8210 型或9322 型等防尘口罩。

若需开车出行，最好采用车内循环系统。对于习惯骑摩托车上班的人，更应尽量避开此时段出行，因为空气中有大量汽车尾气排出的未完全燃烧的化学成分漂浮在空气里，骑得越快，吸入的量就会越多。

大雾天气下，办公室尽量不要开窗，确需开窗透气的话，应避开早晚霾高峰时段，可以把窗户打开一条缝通风，不让风直接吹进来，通风时间每次以半小时至 1 小时为宜。

另外，女性最好不要画浓妆、涂睫毛膏，否则空气中的微小颗粒容易附着其上，使眼睛感染结膜炎等。

霾中的微小污染物会刺激眼睛，应少用眼、少用电脑，在办公室使用电脑 1 小时左右要休息一下，减轻眼睛的疲劳。

（十）霾天气时饮食应如何安排

霾天气时应多吃些清肺食物，即清热、利湿、解毒的食品。可以吃些黑木耳，有利于清理血管；多吃白色蔬菜，有利于清肺，如白菜、冬瓜、萝卜、藕等。在肉类方面，这段时间可以清蒸鲈鱼，喝酸菜乌鱼汤，或者吃油脂较少的鸭肉、精瘦肉、排骨等。另外，还要适当多喝水，多吃水果。

（十一）家家户户都要炒菜做饭，怎么才能降低餐饮油烟源排放

从科学的角度来讲，我们在 $PM_{2.5}$ 源解析中有一个源正是餐饮。在所有霾污染源中，餐饮源的贡献率是 5%~15%。站在居民楼楼顶能看到一个个公共烟道在排放污染物。

这是各家各户油烟机的公共出口，市政应定期清理公共烟道，并加装过滤装置。

从技术上讲，降低餐饮源是可以做到的。餐馆后厨都有烟道，烟道连接油烟处理装置。家里的抽油烟机首先是油和烟气的分离，油留下来，烟气跑出去。餐馆要做进一步的烟气处理，油烟一步一步过滤，油滤掉，颗粒物滤掉，再用金属网、耐热纤维等制成的各种滤材分级过滤，并经常更换这些过滤材料，最后还要用活性炭去除有害气体。所以，技术上是没问题的。

从管理上讲，环保部门会检查核定油烟排放合格的餐馆才可以开业，营业后主要由餐馆自己管理油烟。在国外，往往是餐馆根据油烟排放量交钱，这部分钱专门用于请专业的油烟处理公司帮餐馆处理油烟，环保局只管检查是否合格。美国、德国、日本等都是这样分开管理的。

因此，本书向公众提出 3 点建议。

> （1）保证自家的油烟不直接排出，至少使用抽油烟机将油烟排进公共烟道。
>
> （2）路边烧烤肯定是污染环境的，每个人应从自己做起，拒绝吃路边烧烤。
>
> （3）培养监督意识，看到哪个餐馆直排烟气就打环保电话举报。这样，大家都能为降低餐饮油烟源排放做出贡献。

（十二）机动车限行是否对抑制霾有效果

政府层面有出台汽车限号的措施，限号的作用有两个：首先是减少拥堵，其次是控制污染。从理论上讲，汽车尾气排放，对霾形成的影响只占 10% 左右，这还是所有在用汽车的排放影响。但实际的情况是，汽油车尤其是当前排放标准下的国Ⅳ、国Ⅴ的汽油车，其尾气污染排放只占总污染物排放的 1% 而已，相比于汽油车的低排放量，以柴油为主要燃料的重型运输车辆，尤其是超标服役的国Ⅰ、国Ⅱ柴油车才是污染物排放的"主角儿"，大多数私家车、汽油车在这组数据里只不过是"被平均"了而已。据环保部门调查显示，柴油车排放的一次颗粒物（黑碳粒子）占整个机动车排放颗粒物的95%以上。这是一个相当惊人的数字。每当深夜凌晨的时候，北京的远郊延庆，都会看到各种各样的柴油车等着进京。根据生态环境部的数据，即使是一辆达标的国Ⅳ柴油车，其排放的NO_x的量就相当于90辆国Ⅳ汽油小汽车。所以，限行是解决柴油车高污染排放导致霾的一个有效措施。

另外，研究者用嵌套网格空气质量模式系统模拟了2013年1月10~14日一次典型的大气严重污染过程，并利用同期气象和污染物浓度的小时观测数据验证了其模拟结果。结果表明，在重污染期间，当仅实施《北京市空气重污染应急预案（试行）》一级预警中机动车单双号限行措施时，可削减北京$PM_{2.5}$小时平均浓度4%~10%；当仅实施工业限产减排30%的措施时，可削减北京$PM_{2.5}$小时平均浓度1%~6%；当同时实施机动车单双号限行和工业限产减排30%的措施时，可削减北京平均$PM_{2.5}$小时平均浓度6%~12%，并且$PM_{2.5}$小时浓度与削减率的变化趋势呈反相关，即该措施对污染较轻时段$PM_{2.5}$浓度削减率高于污染峰值时段；若京津冀地区两市一省同时实施机动车单双号限行和工业限产减排30%的措施时，可削减重污染期间北京小时平均$PM_{2.5}$浓度20%~35%，且污染严重的区域和时段削减效果更加显著，空气质量可提升一个等级。故机动车限行可有效抑制霾。

（十三）烧烤等烹调油烟对霾有多大影响

不同城市的大气$PM_{2.5}$来源解析研究都表明烧烤等烹调油烟对霾是有一定贡献的。在所有霾污染源中，餐饮源的贡献率是5%~15%，如北京平均$PM_{2.5}$排放中，燃煤占26%，机动车占19%，餐饮占11%，工业占10%，故餐饮油烟也是大气$PM_{2.5}$不可忽略的来源。油烟并不是使用抽油烟机就可以排出去。使用抽油烟机仅仅是使油烟从室内排到了室外，依然会将有害物质和$PM_{2.5}$排放到大气中，成为霾天气的帮凶。我国人口基数大，家家户户炒菜排放出来的油烟大都未经过净化处理直接排放到空气中，故烹调油烟确实是大气$PM_{2.5}$的主要来源。

我国的街边小巷存在着大量路边烧烤摊（图5.3），排放到大气中的不仅有SO_2等气体污染物，也有$PM_{2.5}$。露天烧烤中产生$PM_{2.5}$的形式主要有3种：①露天烧烤燃烧的劣质煤炭释放的大量CO_2和煤烟煤灰，形成空气颗粒物；②烧烤时燃烧的食用油或者肉类在高温的状态下，一部分会变成气态的油雾，在空气中冷凝为小液滴跟空气中的尘埃结合，形成 PM$_{2.5}$；③肉类以及其他食材在高温状态下，部分油脂、肉渣以及调味品会滴落到燃料中，产生的浓烟中有很多大气污染物，并将沉淀在烤箱中的炭灰一同带入空气。

图 5.3　路边烧烤摊

（十四）崇尚低碳生活，减少碳排放

改善空气环境质量的一个主体是公民。每个公民的个人责任在于强化环保意识，从日常点滴行为中实现低碳生活，为减少霾天气贡献自己的力量。每个市民要从日常生活中的许多细节开始改变，如从节电、节水、节碳、节油、节气、少烧烤烹炸、减少餐桌浪费、家庭餐厅增加除油烟设备等做起；尽量多乘坐公共交通，减少私家车的出行，短途可步行或骑自行车；不随意焚烧垃圾、树叶、秸秆等；减少烟花爆竹的使用；减少寺庙烧香等。当然，我们也可从衣、食、住、行、用等各方面着手，努力达到低碳生活的标准。

(1)在衣着方面尽量选择以天然织物为原料的衣物。这样一方面可以保证穿着的舒适，另外也能促进天然织物种植面积的提高；在生产过程中，天然织物比人工合成的织物消耗的能源要少得多，其产生的污染也要少得多；在洗涤衣物的时候尽量选择手洗而非机洗，特别是夏季的衣物，这样可减少不必要的能源浪费。

(2)在饮食方面尽量购买本地、季节性食品，减少食物加工过程，从而减少 CO_2 的排放。

(3)在居住条件方面遵循"房子不是越大越好，理智选择适合户型"的理念。在住房、家具及其家用电器的选择上，从实用出发，家用电器也选择节能型的，以减少不必要的资源浪费。

(4)在出行方面多选用公共交通工具，尽量不开或者少开私家车。建议上下班距离在 5 公里以内骑自行车、1 公里以内步行，既环保又锻炼了身体。若需要购买私家车，也应选择合适的汽车车型，尽量选择低油耗、新能源、更环保的汽车，而不是政府出台限行政策后一个家庭还多买一台车供另外一台车被限号时使用。

(5)在日常生活和工作方面，打印文件时，尽量做到双面打印，在打印机的设置中，可选择"节省墨盒"方式打印等。将个人电脑设置成自动关闭显示器、硬盘，启动休眠模式。离开办公室，自动关闭电脑、空调、打印机和办公室所有的用电设备，不要长期带电。

第二节　粉碎谣言

一、气体对颗粒物没有影响

事实上气体是会生成颗粒物的，而且是超细颗粒物或新生成颗粒物的主要来源。气体中的某些成分，如 VOCs 等气态污染物质进入大气环境中，当温度降低时会冷凝为颗粒物，也就是新生成的颗粒物。超细颗粒物可以积聚增长为细颗粒物，从而引发霾。气态污染物在大气环境中还会发生光化学反应，进而生成二次颗粒物，如光化学烟雾就是形成了大量二次气溶胶的污染现象，其主要产物为有机硝酸脂和复杂有机化合物。

二、霾不严重了是运气好

近几年，霾没有那么严重了，不是我们运气好，是政府大力治霾后，取得了一定成果。2013年1月，4次霾过程笼罩了30个省（区、市），在北京，仅有5天不是霾天。在政府采取一系列治霾措施后，相比2013年，2018年北京市和京津冀地区$PM_{2.5}$浓度分别下降了41.6%和47.8%，2017年全国74座城市$PM_{2.5}$浓度下降了34.7%。相比2014年，2018年京津冀周边"2+26"座城市$PM_{2.5}$浓度下降了45.5%；相比北京市和京津冀地区重污染平均天数减少了39天和59天。2017年全国74座城市重污染平均天数减少了20天。相比2014年，2018年"2+26"座城市重污染平均天数减少了30天。

三、口罩和净化器对霾没有用

霾的组成成分非常复杂，包括数百种大气化学颗粒物质，其中有害健康的主要是直径小于10微米的气溶胶粒子，如矿物颗粒物、海盐、硫酸盐、硝酸盐、有机气溶胶粒子、燃料和汽车废气等。它能直接进入并黏附在人体呼吸道和肺泡中。尤其是亚微米粒子会分别沉积于上、下呼吸道和肺泡中，引起急性鼻炎和急性支气管炎等病症。对支气管哮喘、慢性支气管炎、阻塞性肺气肿和慢性阻塞性肺疾病等慢性呼吸系统疾病患者，雾霾天气可使病情急性发作或急性加重。如果长期处于这种环境还会诱发肺癌。口罩对颗粒物有一定的过滤作用，空气净化器也有一定的消毒和杀菌功能，所以外出时佩戴口罩和室内使用空气净化器并不是没有用的。

四、农村秸秆燃烧对霾没有贡献，不该禁止

秸秆燃烧会产生大量的细小颗粒物，是$PM_{2.5}$的重要来源。研究发现，我国每年由玉米和小麦秸秆露天燃烧排放的$PM_{2.5}$和OC分别为92.7吉克（Gg）和47.5吉克，在总量中占重要比例。有报道称，我国每年有1.04公吨（1公吨=1000公斤）$PM_{2.5}$源于农作物秸秆野外焚烧。

将秸秆在田间露天焚烧，产生的大量烟雾可以传输到城区，容易产生霾。多项研究表明，农村秸秆燃烧对雾霾有不能忽略的"贡献"，部分霾天气就是由农村秸秆燃烧传输到城市造成的。例如，报道称生物质燃烧排放对武汉市城区空气$PM_{2.5}$的贡献率为19.6%；2008年长三角地区江苏、安徽、浙江3

省各地级市及上海市调研发现秸秆焚烧可以导致区域 PM_{10}、CO 浓度上升 30% 以上。在全国生物质燃烧的污染物排放清单研究中，四川省的生物质燃烧活动（以燃料秸秆、薪柴和露天秸秆燃烧为主）所释放的 $PM_{2.5}$ 量居全国首位。

所以，农村秸秆燃烧是霾产生的一个重要的不能忽视的来源，应该禁止农村秸秆燃烧，防止霾的产生。

五、去霾只能"等风来"

去霾不是只能"等风来"，是可以采取一定的人为措施去霾。风是一种自然的空气流动现象，风速越大，污染物扩散越快，对去霾有一定的效果。虽然刮风的城市空气质量得到了提升，但是污染物并没有减少，只是从一座城市转移到另一座城市。

霾是因为人类排放的污染物超过了环境容量造成的，要想从根本上解决霾问题，必须采取一定的人为措施，减少污染物的排放。研究发现，在霾红色预警期间，采取应急减排措施（如机动车单双号限行、对重点排污工序实行限产等减少污染物排放源，降低污染物累积程度）和不采取任何措施相比，$PM_{2.5}$ 降低了 23% 左右，其他污染物平均降低了 30% 左右。所以去霾不是只能"等风来"，而是要采取措施，从源头减少污染物的排放。

六、除霾是政府的事情，和你我无关

霾治理的核心利益相关主体主要包括政府、企业、社会公众、媒体等，大家在霾治理中都承担不同的职能。其中，政府是霾治理的领导者，承担着霾治理战略政策制定、政策实施管理、治理成果监测、对管理对象实施奖惩等职能，在霾治理中发挥主导作用；企业是污染的排放者和节能减排政策的执行者，是实施霾治理的关键；而公众是霾治理的主要受益者，也是霾治理的参与者，自身的消费行为也影响霾治理绩效；媒体是霾治理的监督者和倡导者。因此，利益相关主体在霾治理中都要发挥自己的职能，才能更有效去除霾。

七、汽车尾气比霾天空气干净

网上曾流传一段汽车尾气测试视频，测试者头戴防毒面具，手持空气质量检测仪到尾气排放口测试，$PM_{2.5}$ 数值从接近 500 降到了 48，于是声称"汽车尾气比霾天的空气要干净 10 倍"。其实，汽车尾气主要是氮氧化物、碳氢化合物等气态污染物，

它们对 $PM_{2.5}$ 的贡献主要是二次污染转化从气体转变成细颗粒物。这是手持式 $PM_{2.5}$ 检测仪检测不出来的，它只能检测直接排出来的 $PM_{2.5}$，所以大大低估了汽车尾气对 $PM_{2.5}$ 的贡献。另外，这种检测仪的准确性还尚待验证。根据目前的科学共识，$PM_{2.5}$ 大部分是通过二次转化生成的，在北京本地污染源中，机动车排放的污染物对 $PM_{2.5}$ 的年均贡献在 30% 左右，非采暖季要占到 40%。所以，汽车尾气是产生霾的一个重要来源，汽车尾气不比雾霾天的空气干净。

八、"煤改气"是"丰富水汽"的主要来源，是霾的"帮凶"

中国科学院大气物理所研究员王自发表示，按照我国当前的天然气消耗量计算，假如每年燃烧天然气产生的气态水全部转化成液态水，平摊在全国人口集中的东部地区（估算面积约为 360 万平方公里），液态水的厚度仅占大气中可降水量的几十万分之一，影响微乎其微。

九、霾中的硫酸铵引起红色预警

2016 年 12 月中旬，华北黄淮等地遭遇大范围霾天气，在持续性的霾影响下，一些流言也开始在网上滋生。一则在网上流传甚广的消息称，"内部说这次霾主要是因为含硫酸铵，本来不到红色预警的程度，但因为存在硫酸铵所以才到这个级别，提醒孩子们都不要出门，家里净化器长时间开启，要多喝水。原来伦敦有次硫酸铵超标，有好多人没有防护而死亡。"

该谣言关联伦敦致命酸性大雾，危言耸听。首先，伦敦雾致命元凶为高浓度 SO_2，硫酸铵虽有害健康但急性毒性不大。其次，按照《北京市空气重污染应急预案》规定，红色预警的启动条件为预测连续 4 天及以上出现重度污染，其中 2 天达到严重污染；或单日 AQI 达到 500 及以上，且将持续 1 天及以上时间。硫酸铵不是发布红色预警的标准。2016 年 11 月下旬发表在美国《国家科学院院刊》上的论文《从伦敦雾到中国霾：硫酸盐的持续性形成》指出，在中国，农业氮肥和工业排放产生大量氨气污染，碱性的氨气促进了 SO_2 和氮氧化物的反应过程，形成大量硫酸铵，但也中和了酸性环境，使得中国霾在酸碱度上呈现中性。中国霾的酸碱度呈中性并不意味着中国霾没有伤害，但是说明了不具有伦敦的酸性大雾那样强烈的急性毒性。

十、霾中出现危险的耐药菌

瑞典哥德堡大学抗生素耐药性研究中心四位学者在研究中提到"从北京霾中检测出抗生素耐药性基因"。随后国内部分微信公众号发表题为《呼吸的痛！北京等地雾霾中发现耐药菌》《北京雾霾中含有耐药菌 60 余种 将导致药物失去作用》等文章。有媒体发布题为《北京雾霾中发现有耐药菌，"人类最后的抗生素"对它束手无策》的新闻，该新闻被大量媒体、自媒体转载和评论。

北京市卫计委回应称，细菌的耐药性和致病性是完全不同的概念，耐药性的增强不意味着致病性的增强。国内外多位专家表示，细菌耐药与霾无关，霾不产生耐药基因，霾与耐药菌无必然的因果联系。细菌耐药性的获得是由于进化选择和抗生素等诱导选择引起，并非由霾引起。霾中的危害因子主要为化学污染物，对呼吸系统、心血管系统等存在不利健康影响，微生物引起的健康风险很小。

十一、取消了露天烧柴、烧烤摊，企业关闭这么多，没感觉到霾减轻

近年来，随着各种管控措施的实行，全国的空气质量有明显改善。根据国家统计局的公开数据，在监测的 338 个地级及以上城市中，城市空气质量达标率从 2015 年的 21.6% 逐年上升，2018 年空气质量达标率已经达到了 35.8%。$PM_{2.5}$ 未达标城市年平均浓度也从 2016 年的每立方米 52 微克降到了每立方米 43 微克。局部来说，以污染严重的京津冀地区为例，根据《京津冀及周边地区 2017—2018 年秋冬季大气污染综合治理攻坚行动方案》可知，2017 年 10 月 ~2018 年 3 月京津冀地区大气污染传输通道城市 $PM_{2.5}$ 平均浓度同比下降 15% 以上，重污染天数同比下降 15% 以上。

参 考 文 献

陈刚，周潇雨，吴建会，等，2015.成都市冬季 $PM_{2.5}$ 中多环芳烃的源解析与毒性源解析 [J].中国环境科学，35(10):3150-3156.

邓启红，2009.颗粒物在人体呼吸系统传输与沉积数值模拟研究 [D].长沙：中南大学.

方研，2017.认识雾与霾 [J].生命与灾害，(11):4-5.

何强，井文涌，王翊亭，1988.环境学导论 [M].第二版.北京：清华大学出版社.

胡彬，陈瑞，徐建勋，等，2015.雾霾超细颗粒物的健康效应 [J].科学通报，(30):2808-2823.

纪凤仪，纪欣，2016.京津冀区域生态建设与大气污染联防联控初探 [J].河北旅游职业学院学报，79(1):84-87，91.

金泰康，2004.现代毒理学 [M].上海：复旦大学出版社.

拉多姆斯基·A，尤拉斯基·P，阿隆索-埃斯科拉诺·D，等，2005.纳米颗粒诱导血小板聚集与血管血栓形成 [J].Acta Physiologiae Plantarum，146:882-893.

欧翠云，2011.颗粒物在人体气管支气管模型中传输与沉积的数值模拟研究 [D].长沙：中南大学.

邱勇，张志宏，2011.大气细颗粒物免疫毒性研究进展 [J].环境与健康，(12):1117-1120.

石婉荧，班婕，李湉湉，等，2018.大气污染与抑郁症的研究进展 [J].中华流行病学杂志，39(2):245-248.

汪凝眉，2015. 成都十里店地区冬季大气 $PM_{2.5}$ 的浓度及重金属含量特征 [J]. 广东微量元素科学 (10):24 - 27.

王桂林，张炜，2019. 中国城市扩张及空间特征变化对 $PM_{2.5}$ 污染的影响 [J]. 环境科学，(8):3447 - 3456.

王琴，张大伟，刘保献，等，2015. 基于 PMF 模型的北京市 $PM_{2.5}$ 来源 的时空分布特征 [J]. 中国环境科学，35(10):2917 - 2924.

王添翼，梁晓珍，蔡同建，2015. 可吸入颗粒物的心血管效应 [J]. 解放 军预防医学杂志，33(2)：226 - 228.

王跃思，2017. 我国大气霾污染现状、治理对策建议与未来展望——王跃 思研究员访谈 [J]. 中国科学院院刊，32(3)：219 - 227.

肖雪，曹云刚，张敏，2018. 成都市 PM2.5 浓度时空变化特征及影响因 子分析 [J]. 地理信息世界，25(1):65 - 70.

徐政，李卫军，于阳春，等，2011. 济南秋季霾与非霾天气下气溶胶光学 性质的观测 [J]. 中国环境科学，31(4)：546 - 552.

薛莲，孙杰，林云，等， 2015. 深圳冬季霾日的大气污染特征 [J]. 环境 科学研究，(5)： 505 - 511.

闫静，吴晓清，等，2016. 国外大气污染防治现状综述 [J]. 中国环保产业，(2):56 - 60.

杨克敌，2015. 环境卫生学 [M]. 北京：人民卫生出版社.

杨凌霄，2008. 济南市大气 $PM_{2.5}$ 污染特征、来源解析及其对能见度的影 响 [D]. 济南，山东大学.

张秀川，赵健，王婷，等，2019. 2014 年北京市某区不同空气质量下大气 颗粒物中多环芳烃的特征与来源分析 [J]. 环境卫生学杂志，9(02):97-107.

张智胜，陶俊，谢绍东，等，2013. 成都城区 $PM_{2.5}$ 季节污染特征及来源解析 [J]. 环境科学学报，33(11)：2947-2952.

赵伦，1997. 大气颗粒物对人体健康影响的研究进展 [J]. 山东环境，(1)：40-41.

赵妤希，陈义珍，杨欣，等，2016. 北京市中心城区 $PM_{2.5}$ 长期变化趋势和特征 [J]. 生态环境学报，2016, 25(09)：1493-1498.

周伟，叶舜华，1996. 有关气溶胶吸入危害的研究 [J]. 中国公共卫生学报，15(4)：253-255.

周鑫，2010，颗粒物在人体呼吸系统中传输与沉积的数值模拟研究 [J]. 长沙，中南大学.

Andersen Z J, Loft S, Ketzel M, et al., 2008. Ambient air pollution triggers wheezing symptoms in infants [J]. Thorax, 63：710-716.

Brook R D, Shin H H, Bard, et al., 2011. Exploration of the rapid effects of personal fine particulate matter exposure on arterial hemodynamics and vascular function during the same day[J]. Environmental Health Perspectives, 119(5)：688-694.

Calderón-Garcidueñas L, Kavanaugh M, Block M, et al., 2012. Neuroinflammation, hyperphosphorylated tau, diffuse amyloid plaques, and down-regulation of the cellular prion protein in air pollution exposed children and young adults[J]. Journal of Alzheimer's Disease, 28(1)：93-107.

Halonen J, Lanki T, Yli-Tuomi T, et al., 2008. Urban air pollution, and asthma and COPD hospital emergency room visits[J]. Thorax, 63：635-641.

Jonathan I, Diez D, Dou Y, et al., 2012. Ameta-analysis and multisite time-series analysis of the differential toxicity of major fine particulate matter constituents[J]. Am J Epidemiol, 175 (11) : 1091.

Martinelli N, Olivieri O, Girelli D, 2013. Air particulate matter and cardio-vascular disease : Anarrative review[J]. ES, 24 (4) : 295-302

Moler W, Hofer T, Ziesenis A, et al., 2002. Ultrafine particles cause cytoskeletal dysfuctions in macrophages[J] Toxicol Appl Pharmacol, 182:197-207.

Nobel J, 2007. Eco-anxiety : Something else to worry about [J]. The Inquire, 8 (9) : 14 - 22.

Samolie, Stafoggia M, Rodopoulous, et al., 2013. Associations between fine and coarse particles and mortality in Mediterranean cities : Results from the Medparticles project[J]. Environ Health Pempect, 121 (8) : 932.

Seaton A, Macnee W, Donaldson K, et al., 1995. 颗粒物空气污染 [J]. Nature structural biology, 345 : 176-178.

Viggoti A M, 1996. Short term effects of urb an air pollution on respira-tory health in Milan, Italy, 1980-89[J]. J Epidemiol CommHealth, 50 (Sup. 1) : S 71 - 75.

Wagner J G, Allen K, Yang H Y, et al., 2014. Cardiovascular depression in rats exposed to inhaled particulate matter and ozone : Effects of diet-induced metabolic syndrome [J]. Environmental Health Perspectives, 122 (1) : 27 - 33.